日産リーフ試乗レポート!

/ 未来はどこまで近づいたか?

「ピュアEV」「自動運転技術」「コネクティビティ」など、最新テクノロジーを満載した日産自動車2代目リーフは、国産の市販車として、いまもっとも"未来"に近い1台といえる。そんなリーフの実力を探るべく、1日かけて試乗してみた。今回は、横浜の日産グローバル本社ギャラリーから静岡県の秩父宮記念公園まで走行し、折り返して戻ってくるコースで検証した。

▲今回試乗したリーフのシフトセレクター。シフトレバーの上部に、プロパイロットパーキング、e-Pedalのスイッチが配備されている。

どのくらいの充電で、何キロ走れる？

▲出発時のメーター表示。充電100％、航続可能距離259km。この数字は走り出すと刻々と変わる。航続距離はふだんの走行パターンから算出されたものだ。

EV走行

▶ナビ画面でも電力消費の詳細がわかる。

詳細情報も表示可能

条件の悪い道でバッテリー負荷はどのくらい高まるか

道中、急峻で知られる箱根の有料道路約16kmを、あえてエコモードを解除して駆け上がってみた。ふもとでの充電率73％が山頂では49％へ、航続可能距離は189kmから113kmへ。航続距離の減り方から換算すると、平均的な走りよりも約4.8倍のエネルギーを消費し、山道をあと24kmほど同じペースで走ると充電がゼロになる計算だ。ちなみに当日の乗車は大人3名、外気温18〜20℃でエアコンを使用していた。

◀ふもとではバッテリーの充電率は73％であったが、16kmの山道走行で、49％まで低下。

ここまで **104km** 走行

EV充電

◀写真のように充電認証カードをかざせば充電スタート。料金は15円／分が主流（カードによって異なる。ほかに月会費が必要）。

30分急速充電で、約70kmの航続距離を回復

山道を下り、目的地の秩父宮記念公園に到着した時点で、走行距離は104km。ここで充電スポットを発見したので、30分間の急速充電を行ってみた。すると、充電率は42％から66％へ、航続可能距離は102kmから171kmと、70kmほどの航続可能距離を回復。これは東京都心から神奈川県小田原市までの距離に匹敵するが、当日走った山道のエネルギー消費率で計算すると15kmほどとなる。

▲30分の急速充電で25％ほど回復。もう少し充電されていてもよい気がした。

クルマの自動化は、どこまで進んだ？

プロパイロットパーキングはなかなかすごい！

ボタンを押すとハンドルが自動でぐるぐる回り、同時に車が前へ後ろへ。EVのためほとんど無音状態で、あらかじめ設定した駐車枠の中にするすると収まる。その間、約30秒。プロパイロットパーキングは、プロパイロット（右ページ）で使う周囲のモニタリング機能を活用したもので、今回試した前向き駐車のほか、縦列駐車にも対応している。縦列駐車は苦手な人が多いので、ありがたく感じる人もきっと多いはずだ。

▲プロパイロットパーキングを行うには、このボタンを押し続ける。

▲駐車枠の設定をはじめ、機能作動中の周囲の状況をこのモニターで確認しながら駐車できる。駐車完了後はパーキングブレーキが自動でかかるようになっている。

プロパイロットパーキング

◀何回か試したが、駐車枠に対して斜めになるときもあった。

プロパイロット

▲プロパイロット作動中の画面。ハンドル操作、車間距離、速度などが自動制御されている。

アクセルやハンドルの操作なしに、車が進む

高速道路上で先行車がスピードを上げると、アクセル操作をしなくてもスピードが上がっていく。そんな新感覚な体験が味わえるプロパイロット。「高速道路同一車線自動運転技術」と但し書きされているとおり、使用は高速道路限定である。しかも、レベル2の自動運転技術のため、あくまで運転支援という位置付けだ。そのため、走行中はハンドルに手を添えている必要がある。また、各センサーからの情報が不足すると、機能はいったん停止するようになっている。

▲ハンドルにある操作ボタンを押すと、プロパイロット機能が作動開始。ブレーキを踏むなどすれば、作動はいつでも解除できる。

つながるクルマとは？

CarPlayに対応したナビシステム

インターネットを介して、移動しながらさまざまな情報をやり取りするコネクテッドカー技術。リーフは「Apple CarPlay」に対応しており、電話やメッセージのやり取りが手持ちのiPhoneとリーフのダッシュボード上のモニターをとおして可能になる。さらに、EV専用アプリ「NissanConnect EV（日産EV）」では、リーフの充電状態などの各種情報のモニタリングも可能。クルマと人の新たな関係がこうした中から生まれてきそうだ。

Apple CarPlay

▲CarPlay対応のiPhoneとリーフをUSBケーブルで接続するだけでOK。

Nissan Connect

◀充電状況のチェックのほか、リモート充電（あらかじめ充電器をセットしてある場合）や、自分のリーフの位置情報などをアプリから確認することができる。今後のバージョンアップで、さらに便利な機能が追加されていくだろう。

すぐそこまできた未来と、まだまだ遠い未来と。

▎EVは先進的かつ実用的

近未来な部分と、まだまだ成熟が必要な部分が混在している。それが、リーフ試乗後の感想だ。たとえば、EVの技術は非常に洗練されている。リーフのEV操作には「e-Pedal」という、発進・加速から減速、停止までをアクセルペダルの操作だけで行える機能が装備されている。止まるときにわざわざブレーキペダルに踏み換える必要がないため、市街地走行時はなかなか快適だった。EVならではのスムーズさと力強い走行感覚をあわせ、これまでのガソリン車にない新感覚のEVドライビングが体験できる。バッテリーの充電管理は、スマートフォンやノートパソコンで慣れているせいか、それほど苦になることはなかった。あとは、航続距離の増加＝バッテリー充電量のアップさえ果たせば、充分に使えるだろう。

▎自動運転はまだまだ発展途上

EVと連動して機能するプロパイロットは、まだまだ発展途上といった印象である。搭載されていたのは日本政府や米国運輸省道路交通安全局（NHTSA）が規定している自動化レベルの「レベル2：部分自動運転」。あくまで運転の支援装置であり、プロパイロットを作動させるにはその都度操作が必要で、使ってみた実感としては「半自動機能」だった。加えて、道路上での作動状況にも違和感があり、カーブでの自動ハンドル操作のタイミングが自分の操作タイミングと微妙に異なる。その微妙なズレと、高速道路上での走行スピードが速いこととがあいまって、走行中に不安を感じることが多々あった。最近のガソリン車はギア操作などで運転者の操作を学習するが、同様の運転操作の学習機能が自動運転にも必要だと感じた。周囲の交通状況だけでなく、乗車する人間の感性にも合わせて、信頼を獲得するための自動化の技術も今後重要になってくるのではないだろうか。

● リーフ（ZAA-ZE1（G））諸元表

価格		3,990,600円 （メーカー希望小売価格）
寸法（mm、長×幅×高）		4,480×1,790×1,540
車両重量		1,520kg
モーター		EM57
性能	最小回転半径	5.4m
	交流電力量消費率	120Wh/km
	一充電走行距離	400km
駆動用バッテリー	種類	リチウムイオン電池
	総電圧	350V
	総電力量	40kWh

はじめに ──未来の車の4要素「CASE」って?

　2016年、パリモーターショーでドイツのダイムラー社が発表した中・長期戦略であり、自動車業界を一変させるといわれている「CASE」。相互接続を高める「Connected」、自立走行の実現を目指す「Autonomous」、カーシェアリングなどの多様なニーズに対応する「Shared & Services」、自動車を電動化する「Electric」の頭文字をとったもので、近年注目を浴びているEVや自動運転、コネクテッドカーといった次世代自動車やその技術を表す言葉だ。次世代自動車は、単にバッテリー技術やAI技術などを搭載した車というだけでなく、交通インフラの機能拡張や移動のあり方を変えるなど、モビリティ社会としての変革を担っている。CASEは、そんな自動車のあり方や概念を変える革新的な戦略であるといえる。

　ダイムラー社は、自動車を単なる乗り物としてではなく、サービスとして提供する方向へシフトさせようとしている。たとえば自動運転の場合、車1台が単独で周辺状況を認識しただけでは情報が足りず、実現することがむずかしい。数百メートル先の交通事故や渋滞情報、交差点でのほかの自動車の侵入予測といった情報は、自動車どうしの通信や、道路などに設置されたセンサーなどによって得ることができる。つまり、コネクテッドと自動運転の関係は密接であるといえる。そのさらなる拡張は、自動車の電動化にほかならないだろう。ダイムラー社は、CASEの「E」が示す電動化において、メルセデスベンツなどで「EQ」という新ブランドを展開しており、今後ますますEVが普及していくと考えられる。

　コネクテッド、自動運転、EVの発展の先には、移動のあり方を自由にするシェアリングサービスの実現も見えてくる。まだ日本では展開されていないが、ダイムラー社は中国やアメリカ、ヨーロッパなどで、カーシェアサービス「Car2Go」を展開している。パソコンやスマートフォンからかんたんに予約ができ、指定圏内であればどこでも乗り捨てが可能なサービスだ。2017年は約297万人が利用しており、前年比30%増と大きな成長を見せている。自由に移動できるという利便性は、シェアリングを普及させる大きな要因になるのではないだろうか。

　このように、4つの要素が絡み合うことで、安全で利便性の高いモビリティサービスが生まれ、自動車を所有しない人たちにも快適な生活をもたらすことができる。自動車産業に押し寄せる「CASE」は、自動車業界だけでなく、周辺の産業までをも巻き込み、さまざまな変革を起こしていくだろう。

60分でわかる！
THE BEGINNER'S GUIDE TO
NEXT-GENERATION VEHICLE

EV革命 & 自動運転
最前線

次世代自動車
ビジネス研究会 著

井上岳一 監修
（株式会社 日本総合研究所）

技術評論社

Contents

日産リーフ試乗レポート! ………………………………………………………… i

はじめに ──未来の車の4要素「CASE」って? ……………………… viii

Chapter 1
加速するEVシフト! EV革命最前線

001	電気自動車（EV）にはどんな種類があるの? ……………………… 8
002	EVは革新的な乗り物? いつごろ誕生したの? ………………… 10
003	EVってフル充電でどのくらいの距離を走れるの? …………… 12
004	電費って何? 燃費とは何が違うの? ………………………… 14
005	EVってホントにお得? 補助金、税金、車検の話 …………… 16
006	EVってどこで充電するの? ドライブ先でも困らない? ……… 18
007	モーターが主動力 EVのしくみ…………………………………… 20
008	EVの基盤となるモーター技術「パワートレイン」 ………… 22
009	EVを支える「急速充電システム」……………………………… 24
010	EVが変わる「ワイヤレス充電システム」…………………… 26
011	静かすぎるEVのための「接近通報装置」…………………… 28
012	欧米、中国など、世界で進むEVシフト…………………………… 30
013	日本のEVシフトは日産がリード? トヨタが巻き返す? ……… 32
014	ダイソンも参入、ベンチャーが生み出す新しいEV……………… 34
015	トヨタとパナソニックが電池の規格統一へ動き出す ……… 36
016	ルノー・日産自動車・三菱自動車の「アライアンス2022」とは… 38
017	ピュアEV普及でどうなる電力事情!?………………………………… 40
018	レアメタル高騰でどうなるEV用電池事情? ………………… 42
019	EVの普及で部品メーカーもEVシフトへ …………………… 44

2

| 020 | 次世代自動車の本命はやはりEVか? | 46 |
| Column | 旧車を電動化する「EVコンバート」 | 48 |

Chapter 2
未来を牽引する! 自動運転最前線

021	自動運転ってなに?――人が主体か車が主体か	50
022	自動運転っていまどこまできてるの?	52
023	自動運転技術で駐車もできるって本当?	54
024	完全自動運転の時代になっても免許証は必要?	56
025	自動運転で事故を起こしたらどうなるの?	58
026	自動運転のしくみ――システムを構成する4つの機能	60
027	自動運転に欠かせないセンシング技術「LiDAR」	62
028	自動運転による衝突を回避する「EyeQ」	64
029	レベル5の自動運転を実現する「DRIVE PX」	66
030	Googleの自動運転車プロジェクトは「Waymo」として独立	68
031	自動運転車がリアルタイムで道路を学習するシステム「SegNet」	70
032	自動運転中の危機を予測する「アルゴリズム」	72
033	自動運転の精度を上げる「強化学習」	74
034	自動運転の操作を制御する「電子制御技術」	76
035	自動運転用の高精度3次元デジタル地図「ダイナミックマップ」	78
036	無人自動運転車も欧米が先行、日本は2020年を目指す!?	80
037	初のレベル3搭載、「Audi A8」のインパクト	82
038	国内自動車メーカーの自動運転のレベルは?	84
039	トヨタの自動運転車プロトタイプ「Platform 3.0」とは?	86

040	自動運転車が抱える「トロッコ問題」は解決可能?	88
041	国内で本当に完全自動運転が可能になるのはいつ?	90
Column	自動運転車が起こした事故によって、未来はどう変わる?	92

Chapter 3
すべてをつなぐ! コネクテッドカー最前線

042	つながるクルマ コネクテッドカーってなに?	94
043	コネクテッドカーでどんなことが実現できるの?	96
044	接続方法は2つ コネクテッドカーのしくみ	98
045	あらゆるモノとつながるコネクテッドカーと「V2X」	100
046	コネクテッドカーの車載情報システムを支える「OS」	102
047	多彩なサービスを提供するための「アプリケーション」	104
048	車載ネットワーク「CAN」とインターネット	106
049	コネクテッドカーによって自動運転はどう変わるのか	108
050	Google「Android Auto」でスマホ連携	110
051	「Apple CarPlay」はドライブを変えるか	112
052	音声で車をリモート操作 Amazon「Alexa」を各社が採用へ	114
053	ダッシュボード革命 運転席が変わるデジタルコックピット	116
054	5Gで変わるコネクテッドカーの世界	118
055	コネクテッドカーをハッキングから守るセキュリティ技術	120
056	モバイル連携／テザリング型コネクテッドカーが急拡大	122
057	コネクテッドカーで変わるモビリティサービス	124
Column	ソフトバンクがUberに出資、配車サービスも新時代へ	126

Chapter 4
モビリティが変わる! 次世代自動車の未来予想図

058 次世代自動車で自動車業界はこう変わる! ……………………128

059 次世代自動車で交通システムはこう変わる! …………………130

060 次世代自動車で通信サービスはこう変わる! …………………132

061 次世代自動車で法律や保険はこう変わる! ……………………134

062 次世代自動車でモビリティ社会はこう変わる! ………………136

次世代自動車関連企業リスト ……………………………………138

索引 ……………………………………………………………………142

写真提供
Apple
Audi Japan
BIRO JAPAN
GLM株式会社
PostBus
Waymo
株式会社JVCケンウッド
テスラジャパン
デルタ電子株式会社
東京電力エナジーパートナー株式会社
トヨタ自動車株式会社
日産自動車株式会社
パナソニック株式会社
本田技研工業株式会社
三菱自動車工業株式会社

■ 『ご注意』ご購入・ご利用の前に必ずお読みください

　本書に記載された内容は、情報の提供のみを目的としています。したがって、本書を参考にした運用は、必ずご自身の責任と判断において行ってください。本書の情報に基づいた運用の結果、想定した通りの成果が得られなかったり、損害が発生しても弊社および著者はいかなる責任も負いません。

　本書に記載されている情報は、特に断りがない限り、2018年5月時点での情報に基づいています。サービスの内容や価格などすべての情報はご利用時には変更されている場合がありますので、ご注意ください。

　本書は、著作権法上の保護を受けています。本書の一部あるいは全部について、いかなる方法においても無断で複写、複製することは禁じられています。

　本文中に記載されている会社名、製品名などは、すべて関係各社の商標または登録商標、商品名です。なお、本文中には ™ マーク、® マークは記載しておりません。

Chapter 1

加速するEVシフト!
EV革命最前線

001

電気自動車（EV）には
どんな種類があるの？

EVは大きく4種類に分けられる

近年、環境問題やエコなどへの対策を背景に大きな注目を集めているEVですが、その種類は大きく4つに分けることができます。

電源から充電した電気だけで動かす車が**「電気自動車（EV）」**です。排ガスゼロで環境にやさしく、モーター走行なので非常に静寂なのが大きなメリットですが、ガソリン車に比べると航続距離が短く、充電に時間を要するというデメリットもあります。使用するエネルギーはすべて電気で、公共の場に設置された充電スタンド、または家庭用コンセントで充電します。

エンジンとモーターを使い分ける車が**「ハイブリッドカー（HV）」**です。メインのエネルギーは従来の車と同様にガソリンですが、走行中に余った力を使って発電します。この発電によって貯められた電気を使ってEV走行ができるしくみです。EV走行時はガソリンを消費しないため、燃費がよく航続距離も長くなるのがメリットですが、EVと違って外部電源からの充電はできません。そこで、HVを外部電源からも充電できるようにしたのが**「プラグインハイブリッド（PHV/PHEV）」**です。充電方法はEVと同様で、エンジン単体でも発電できるという特徴があります。EVの航続距離の短さ、HVの維持費の高さというデメリットを克服した車といえます。

「燃料電池車（FCV）」は少し毛色が異なり、液体水素を燃料として自家発電した電気を使って走行します。燃料は水素のため環境にはやさしいですが、水素を補充できる施設が少なく、車両本体の価格が高いという面があります。

EVは大きく4種類に分けられる

電気自動車（EV）

i-MiEV

代表的な車種
日産：リーフ
三菱：ミーブ（i-MiEV）シリーズ
BMW：BMW i3 など

◀完全に電気で走行。エコで非常に静寂だが、航続距離が短いデメリットがある。

ハイブリッドカー（HV）

フィットハイブリッド

代表的な車種
トヨタ：プリウス／アクアなど
スズキ：スイフトハイブリッドなど
ホンダ：フィットハイブリッドなど

◀モーターで走行中に発電し、蓄電した電気を使ってEV走行できる。EVと違って充電ができない。

プラグインハイブリッドカー（PHV ／ PHEV）

プリウス

代表的な車種
トヨタ：新型プリウス PHV
三菱：アウトランダー PHEV
ベンツ：C350e アバンギャルドなど

◀ HVを充電できるようにした車種。EVとHVのいいとこ取りの車種といえる。

燃料電池車（FCV）

MIRAI

代表的な車種
ホンダ：クラリティ FUEL CELL
トヨタ：MIRAI

◀液体水素を燃料とし、自家発電した電気を使って走行する車種。

002

EVは革新的な乗り物？
いつごろ誕生したの？

EVの歴史は、実はガソリン車よりも古い

　21世紀の自動車として大きな注目を集めいているEVですが、その歴史はガソリン車よりも前にさかのぼります。

　1873年にイギリスのロバート・ダビットソンが実用的なEVを製造、1899年にはフランスで**「ジャメ・コンタクト号」**と呼ばれるEVが製造され、時速100kmを超える記録を残しました。1900年頃には全世界の自動車の40％がEVになるなど、大きく発展していったのですが、1904年にフランスのガソリン車**「ダラク」**が時速160km（100マイル）を突破するなど、ガソリン車の技術の進歩が徐々にEVを凌駕していきました。1908年には**「T型フォード」**が爆発的に支持を集め、EVの影はさらに薄くなっていき、1920年頃にはガソリン車に取って代わられました。日本でも、1900年頃から輸入された電気自動車を研究し、試作などが行われていたようです。1922年には、神戸製鋼所鳥羽電機製作所（現シンフォニアテクノロジー）が国内初の蓄電池式運搬車を開発しています。

　その後はガソリン車一択の時代が続きましたが、1990年代に排気ガスなどの公害問題に対して自動車メーカー各社が開発に乗り出し、EVは第2次ブームを迎えます。このときは航続距離の短さなどを克服できませんでしたが、2000年代にリチウムイオン電池が発達し、第2次ブーム時に表出した課題の多くが解決され、EVが実用的なものになりました。現在では、EVベンチャーの**「BIRO（ビロ）」**が家庭用コンセントで充電できるスタイリッシュな小型EVを開発するなど、EVは大きな広がりを見せています。

復活のEV。再び覇権を取り戻せるか

1830～1890年代

▲1899年、ベルギー人のジェナッツィが製作したEV「ジャメ・コンタクト号」。最高速度106km/hを記録し、1902年までこの記録は破られなかった。

▲トーマス・エジソンはEVが輸送機関の未来形だと考えており、ニッケル・鉄系の「エジソン電池」を使ったEVを3台も設計している。

1900～1990年代

◀1908年に発売されたガソリン車の「T型フォード」は、爆発的に支持を集める。化石燃料を積極的に使う時代背景と国家の政策とが相まってEVは衰退し、ガソリン車一択の時代が続く。

1990年代以降

▲1990年代の第2次ブームに抱えた航続距離の短さという課題は、2000年代に発達したリチウムイオン電池によって克服。現在は多くのメーカーによって開発が進められている。

▲イタリアのEVベンチャー「BIRO（ビロ）」が開発した小型EV。ミニカーながら原付バイク並みの維持費で利用できる。家庭用コンセントで充電でき、オプションでカラーを組み合わせることができる。

003

EVってフル充電で
どのくらいの距離を走れるの？

バッテリーサイズにもよるが航続距離は伸びてきている

　EVで気になるのがバッテリーです。EVのバッテリーパックに問題が起きれば、エンジン故障とほぼ同じ状態になるため、**バッテリーはEVの命綱**といっても過言ではありません。

　まず気になるのが航続距離です。バッテリーの容量が大きければ大きいほど航続距離は伸びますが、バッテリー容量を増やすと、バッテリーサイズと重量が増え、車内のスペースを圧迫します。また、重量が増えることによって、いわゆる「電費」（P.14参照）も悪くなってしまいます。そのため、バッテリーセル内の単位面積あたりのリチウムイオンを高密度化し、バッテリーの内部構造を最適化することで、**バッテリーサイズを変えずに大容量化する工夫**がされています。実際の航続距離はメーカーによって差がありますが、日産自動車の「リーフ」（第2世代）では、駆動用バッテリー容量が40kWhへと拡大され、フル充電からの航続距離が約400kmと大幅に伸びました。アメリカのテスラの主力EV「モデルS」の「P100D」では、車速を約40km/hに保って走行した場合、1,000kmを上回る1,078kmの走行に成功しています。

　航続距離以外に心配なのが**バッテリーの信頼性**です。EVを開発するメーカーは、バッテリー保証を強く打ち出しており、多くのメーカーでは、保証期間内にバッテリー容量の約70%を切った場合は、無償での修理・交換に応じるプログラムを用意しています。バッテリーの残容量の目安は、約10 ～ 15年、または10 ～ 15万km程度の走行時点で、約60 ～ 75%です。

EVの命綱ともなるバッテリー問題

気になる航続距離は？

◀第2世代の「リーフ」は、駆動用バッテリー容量を40kWhへと大幅に拡大。フル充電時の航続距離が約400kmに伸びた。

◀アメリカのテスラ「モデルS」の「P100D」では、車速を約40km/hに保って走行した場合、1,078kmを走行することに成功している。

バッテリーの保証は？

駆動用バッテリーの保証（i-MiEVの例）

容量低下	製造上の不具合等に起因する故障
容量保証	**特別保証部品**
初度登録後8年以内（ただし、走行16万km以内）で、駆動用バッテリー容量の70％を下回った場合に、無償での修理・交換に対応	初度登録8年以内（ただし、16万km以内）で故障が発生した場合に、無償での修理・交換に対応

▲多くのメーカーがバッテリーの保証を強く打ち出している。三菱自動車工業の「i-MiEV」（17型以降）では、8年以内（走行16万km以内）にバッテリーの容量が70％を下回った場合、無償での修理・交換に応じている。

1 加速するEVシフト！ EV革命最前線

004

電費って何?
燃費とは何が違うの?

ガソリン車の燃費にあたるのが「電費」

車を選ぶときに重要な指標の1つが燃費です。ランニングコストなどに大きく影響してくるものなので、EVを選択するときはカタログの諸元表を正しく読み、車の性能を理解することが大切です。

EVで燃費に相当するものが「電費」です。燃費が1Lのガソリンで走行できる距離(km)を示しているのに対して、電費は1kWhで走行できる距離を示しています。カタログなどに記載される燃費表示は、従来「10・15(じゅうじゅうご)モード」で測定されていましたが、実際の走行距離とは大きく離れているという問題が起こり、2011年4月以降は「JC08モード」での記載が義務付けられました。JC08モードは、市街地や郊外の走行を想定して一定のパターンで車を走らせ、そのときの電気の消費量から電費(燃費)を測定するので、実際の走行時に近い数値になっています。

EVはガソリン車に比べてランニングコストが安いといわれていますが、どのくらい違うものなのでしょうか。燃料費については、「走行距離÷電費(燃費)×電気代(ガソリン価格)」で算出できます。たとえば100kmを走行する場合、ガソリン価格165円/Lで燃費30km/Lのガソリン車では、月あたりのコストは550円になります。一方、電気代25円/kWhで電費10km/kWhのEVなら、月あたりのコストは250円になり、コストが半分以下になります。電気代は住んでいる地域や契約する電力会社、契約プランによって異なってきますが、深夜電力プランなどを活用すれば、さらにランニングコストを抑えることができます。

電費の算出方法

諸元表はここをチェック

フル充電時の航続可能距離は 400km と記載

		ZAA-ZE1		
		S	X	G
性能	最小回転半径	5.2m	5.2m	5.4m
	交流電力量消費率	120Wh/km	120Wh/km	120Wh/km
	一充電走行距離	400km	400km	400km
駆動用バッテリー	種類	リチウムイオン電池	リチウムイオン電池	リチウムイオン電池
	総電圧	350V	350V	350V
	総電力量	40kWh	40kWh	40kWh

駆動用バッテリーの総充電容量は 40kwh と記載

▲日産自動車の「リーフ」（ZAA-ZE1）の場合、フル充電時の航続可能距離は400km、駆動用バッテリーの総充電容量が40kWhと記載されている。単純に考えると、電費は10km/kWh程度となる。

ランニングコストを計算するには？

● ガソリン車の場合

普段の走行距離（月） ÷ 燃費 × ガソリン価格 ＝ 月あたりのコスト

100km ÷ 30km/L × 165円/L ＝ 550円

● EVの場合

普段の走行距離（月） ÷ 電費 × 電気代 ＝ 月あたりのコスト

100km ÷ 10km/kWh × 25円/kWh ＝ 250円

▲燃料費については、「走行距離÷電費（燃費）×電気代（ガソリン価格）」で算出できる。自動車メーカーなどでは、ランニングコストを計算するWebサイトを用意しているので、活用すると便利だ。

005

EVってホントにお得？
補助金、税金、車検の話

補助金や税金など、知らないと損する割引制度

　近年、環境保護対策が世界的に進められ、日本でも排気ガスを出さないEVを始めとする次世代自動車が、補助金や免税などの割引制度で優遇されています。この補助金は経済産業省が実施しており、「一般社団法人次世代自動車振興センター」に申請すると交付されます。ただし、予算の制約から、平成30年2月1日以降に登録した車両の補助の内容については、現在検討がなされているところです。

　EVは**「グリーン化特例」**で税金でも大きく優遇されています。グリーン化特例とは、適用期間中に**「環境性能のよい自動車」**を新車で購入した場合に、自動車税が減税される制度です。この特例が適用されると、おおむね75%の減税がなされますが、適用されるのは購入した年度の翌年度のみで、翌々年度からは標準税率に基づいて課税されます。

　これらの補助金や税制優遇は、地方自治体が独自に実施している場合もあります。たとえば東京都の場合、平成32年度までに新車を新規登録した場合、**「次世代自動車の導入促進税制」**により、自動車税が5年度分全額免除されます。

　また、自動車にかかる維持費に**「車検」**があります。EVはガソリン車に比べて使用されている部品が少ないため、費用が安くなります。たとえば、ガソリン車につきもののエンジンオイルやオイルフィルター、ATフルード、冷却水（不凍液）、スパークプラグなどはすべて使われていないので、これらのメンテナンスは不要になり、その分コストを抑えることができます。

知らないと損する割引制度

EVの補助金制度

購入負担額 = 車両価格 − 国の補助金 − 都道府県の補助金／市区町村の補助金

● 計算例（日産リーフ（G）の場合）

3,261,019 = 4,111,019 − 600,000 − 250,000

東京都の場合

▲EV普及促進を図るため、国の補助金と地方自治体の補助金の2種類がある。住んでいる地域の都道府県と市区町村の両方に補助金制度がある場合は、両方の補助金が受けられる。なお、補助金の申請手続きや対象車両については、「次世代自動車振興センター」（http://www.cev-pc.or.jp/）のホームページで確認できる。

EVの税制度

● 自動車税

国の制度	新車新規登録の翌年度のみ、おおむね75%軽減
東京都の制度	新車新規登録時の月割分および翌年度からの5年度分を課税免除（平成33年3月31日まで）

● 自動車取得税

新車		非課税
中古車	国の制度	取得価格から45万円控除
	東京都の制度	課税免除（※）平成20年度以前に新車新規登録を受けたものは45万円控除

● 重量税

国の制度	免税（平成30年5月1日から平成31年4月30日までに新車新規登録などを行った場合は、重量税を免除または軽減）
東京都の制度	―

▲ 「グリーン化特例」により、EVを購入した年度の翌年度はおおむね75%の自動車税減税がなされる。自動車取得税は非課税だ。補助金同様、地方自治体が独自に優遇する場合もある。

1

加速するEVシフト！ EV革命最前線

60分でわかる！ EV革命&自動運転 最前線

006

EVってどこで充電するの?
ドライブ先でも困らない?

全国約2万カ所の充電スポットで充電できる

EVの充電スポットは、全国に約2万カ所あります。カーディーラーや高速道路のSA・PA、コンビニエンスストア、宿泊施設、道の駅など、**車がよく訪れるスポットに多く設置**されているほか、空港や市役所などの公共施設に設置されている場合もあります。

高速道路のSA・PAやコンビニエンスストアなど、移動の中継地点になる場所には、短時間で充電できる**「急速充電器」**が、宿泊施設のように長時間駐車する施設には、**「普通充電器」**が設置されているケースが多いようです。現在は、ワンタッチで充電場所を見つけてくれるカーナビや、充電スタンド検索サイト**「Go Go EV」**、スマートフォン検索アプリ**「EVsmart」**などが登場してきています。

EVは自宅の電源で充電することもできます。利用できるコンセントは車種によって異なりますが、100V・200Vにかかわらず、専用のコンセントが必要になります。なお、フル充電までの時間は、100V専用コンセントで14〜21時間、200V専用コンセントで2.5〜13時間と、対応する車種によって大きくばらつきがあります。いずれにせよ、100V専用コンセントはフル充電までにかなりの時間を要するので、200V専用コンセントを用意したほうが現実的でしょう。ただし、自宅が一戸建ての場合は、約10〜20万円の工事費がかかります。マンションなどの集合住宅の場合は、オーナーや区分所有者、管理会社などの同意がないと設置できません。

充電スポットや自宅のコンセントで充電

全国約2万カ所以上に設置されている充電スポット

▲充電スポットは全国約2万カ所以上に設置されている。設置場所はカーディーラーや高速道路のSA・PA、コンビニエンスストア、宿泊施設、道の駅など、車が訪れる場所に多い。充電スポットのマークを目印に探してみるとよいだろう。

自宅で充電もできる

▲自宅の電源で充電することが可能。ただし、100V・200Vともに、専用のコンセントが必要だ。

007
モーターが主動力
EVのしくみ

EVはモーター駆動の電気自動車

EVには、従来の車のエンジンやガソリンタンクなどはありません。では、どのようなしくみで構成されているのでしょうか。

EVの中でもっとも重要なのは、動力源である**バッテリー**です。EVで実用化されているバッテリーには、鉛電池やニッケル水素電池、リチウムイオン電池がありますが、現在発売されているEVのほとんどの車種には、**リチウムイオン電池**が採用されています。

リチウムイオン電池は、鉛電池やニッケル水素電池と比べてエネルギー密度が高く、バッテリーを小さくすることが可能ですが、車を動かすエネルギーを蓄える必要があるので、ある程度大きなバッテリーを搭載する必要があります。たとえば、85kWhのバッテリーを搭載するテスラモデルSの場合、バッテリーがシャーシと一体化されており、車体下部全体を占めています。バッテリーに充電した電気エネルギーは、コントローラー（制御装置）を通じてモーターの動力となり、車輪が回転して駆動します。

このように、EVはガソリン燃焼に伴う騒音や振動もなく、バッテリーから供給される電気でモーターを回転させるだけなので、**ガソリン車より静か**という特徴があります。また、停車状態から一気にフルトルクを発揮できるため、ギアによる変速の必要もなく、**加速力に優れている**という特徴もあります。車1台に使われる部品も、ガソリン車が約3万点なのに対し、EVは約1万点と少ないため、スペース効率を上げられ、デザインやパッケージの自由度も高くなるメリットがあります。

シンプルな構造のEV

EVのしくみ

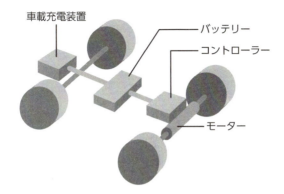

▲バッテリーに充電した電気エネルギーは、コントローラー（制御装置）を通じてモーターの動力となり、車輪が回転して駆動する。部品数が少なく、空いたスペースを有効に使える。

EVの主軸はリチウムイオン電池

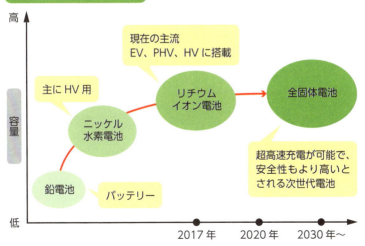

▲バッテリーは鉛電池やニッケル水素電池、リチウムイオン電池が実用化されているが、ほとんどのEVでは、リチウムイオン電池が採用されている。

008

EVの基盤となるモーター技術「パワートレイン」

EVに必須なモーターとインバーターを統合

CO_2排出量の大幅な削減といった、世界的に厳しい環境規制に対応するには、従来のエンジンでは対応できなくなってきています。代わりに求められたのが、モーターが動力源のEVです。

多くのEVにはACモーターが搭載されており、「インバーター」が重要な役割を担っています。インバーターとは、バッテリーから出力される直流電流を交流電流に変換する装置で、周波数や電流量を調整する役割を持っており、この調整によって、モーターの回転数を制御することができます。自動車用のインバーターは、一般的な家庭用エアコンなどのインバーターと比較すると、約15倍以上の電流をコントロールするため、発熱量が大きく、冷却装置がポリタンクほどの大きさになってしまいます。自動車に搭載するにはあまりに大きなサイズのため、EVの開発では、インバーターの小型化が重要になってきます。

EVをより快適にするために、「EV専用パワートレイン」の開発が進んでいます。日産自動車が開発する「e-パワートレイン」は、モーターやインバーター、減速機、PDMを統合して軽量・小型化したものです。ドイツのサプライヤーのボッシュ社も、「eAxle」と呼ばれるEV専用パワートレインを発表しています。

インバーターを始めとするモーターが小型化すれば、車内が広くなり、搭載できるバッテリーも増えるなど、EVはより快適になります。今後さらに多くのメーカーで開発が進んでいくでしょう。

主要ユニットを結合し効率化を図る「EV専用パワートレイン」

> モーターを制御するためにインバーターが重要な役割を担う

直流電流を交流電流に変換したり、周波数や電流量を調整

AC モーター　　　インバーター　　　バッテリー

▲EVの動力はモーター。トルクや回転数などの細かい制御が可能なACモーターを搭載した場合、インバーターが必要になる。

> EV専用パワートレイン

▲モーターやインバーターなどの主要ユニットを統合し、軽量・小型化を図るEV専用パワートレイン。日産が開発する「e-パワートレイン」(写真) は同社のリーフなどに搭載されている。

009

EVを支える
「急速充電システム」

全国各地にある充電器の種類

　EVの充電器には、「普通充電器」と「急速充電器」の2種類があることを説明しました。EVには普通充電口と急速充電口があるので、充電器に合わせた充電口にコネクタを差し込んで充電するしくみになっていますが、両者にはどのような違いがあるのでしょうか。

　普通充電器は交流単相200Vで充電できる設備で、全国に約15,000カ所設置されています（〜現在）。車種や充電設備によって変動はありますが、普通充電器で30分充電した場合の走行距離は約10kmです。なお、スタンド型の普通充電スポットには、ケーブルありとなしのタイプがあり、ケーブルなしの場合には、EVに車載されている充電ケーブルが必要になります。

　急速充電器は3相200Vで充電できる設備で、全国に約7,000カ所設置されています（〜現在）。充電器は大容量タイプ（40kW／50kW）と中容量タイプ（20kW）の2種類があり、大容量タイプは電池がほぼ空に近い状態から80％まで充電するのに15〜30分程度、中容量タイプは30分〜1時間程度かかります。ただし、充電器を製造しているメーカーによって時間は異なります。

　充電器を利用するうえで手軽なのがクレジットカード型の**「充電カード」**です。車にケーブルを差し込み、カードを充電器にかざすだけで、すばやく充電ができます。NCS（日本充電サービス）ネットワークに対応したカードであれば、ほとんどの充電スポットで利用可能です。充電器は充電カードを持っていなくても利用はできますが、利用回数によっては料金は割高になります。

EVの充電器と充電スポット

充電器の違いと充電時間の目安

普通充電器　　　　　　　　　**急速充電器**

ケーブルあり

ケーブルなし

▲充電器には「普通充電器」と「急速充電器」の2種類があり、設置台数や充電時間がそれぞれ異なる。

充電スポットでは「充電カード」の利用が便利

▲「充電カード」は、ほとんどの充電スポットで利用できる。NCSを始め、メーカー各社がカードを発行している。料金プランは提供会社によって異なる。

010
EVが変わる
「ワイヤレス充電システム」

実用化されれば充電の煩わしさが解消

EVが普及の兆しを見せていますが、さらなる普及への課題は充電の煩わしさの克服です。その解決策の1つに、ケーブルを使わない「ワイヤレス充電」があります。

アメリカのEvatran Groupは、2013年に「Plugless L2 Electric Vehicle Charging System」というワイヤレス充電システムを発表しました。このシステムが導入された充電設備では、受電ユニットを搭載したEVが、充電位置に駐車するだけで、自動的に充電が始まるしくみです。フル充電になったり、車が動き出したりすると充電は停止します。国内では2017年11月1日にダイヘンがワイヤレス充電システム「D-Broad EV」を商品化し、実証試験用として国内外での受注を開始しています。どちらの製品も実証実験中のため、まだ一般的には利用できませんが、今後製品化されれば、街中の駐車スペースや商業施設の駐車場に設置されるようになるでしょう。

走行しているEVに給電する「走行中給電」の研究も進んでいます。2017年、東洋電機製造や東京大学大学院、日本精工が共同し、EVが走行中に道路からワイヤレスで給電できるしくみを開発し、実車走行に成功しました。この技術は、道路に設置したコイルから、4輪それぞれに搭載したモーターで駆動するEVのインホイールモータへワイヤレス給電することにより実現しています。また、ダイヘンは2本の電力線を敷設し、走行中給電を拡張する「平行二線給電方式」を提唱するなど、充電面での研究も進んでいます。

ワイヤレス充電のしくみ

ワイヤレス充電システムのしくみ

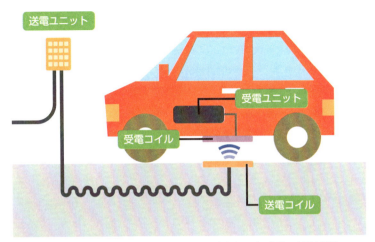

▲送電コイルの上に、受電ユニットを搭載したEVを駐車すれば、自動で充電を開始。フル充電、または車が移動すると充電を停止する。

走行中給電のしくみ

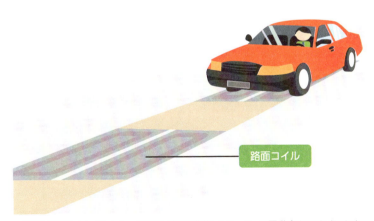

▲道路に設置したコイルから、4輪それぞれに搭載したモーターで駆動するEVのインホイールモータへワイヤレス給電することにより、走行中給電を実現。

011

静かすぎるEVのための「接近通報装置」

「接近通報装置」は2018年3月より義務化

モーターで動作するEVの特徴に**「静音性」**がありますが、ガソリン車に比べて走行時の音量があまりに静かすぎるため、歩行者が車の接近を察知できないという危険性が指摘されており、接触事故を未然に防ぐための対策が必要でした。

2010年に国土交通省が制定したガイドラインが**「車両接近通報装置」**です。これは、一定速度で走行、または後退時に通報音を発するしくみで、トヨタ自動車のプリウスに初めて実験的に搭載されました。日産自動車では、同装置に**「カント」**を発表し、時速20km/hまたは30km/hまでの低速走行時に加速、減速、後退それぞれの状態に合わせて作動します。通知音は歩行者だけでなく、道路周辺の住民、車の乗員にも聞きやすいものになるとされています。

海外でもEVの静音性は問題視されており、アメリカの視覚障害者団体は「安全性が脅かされる」と懸念を表明していました。その後、「車両接近通報装置」についての国際基準が、国連欧州経済委員会自動車基準調和世界フォーラム（WP29）において新たに採択されます。これを受け、新型車は2018年3月8日から、現在市販されている車は2020年10月8日から、**車両接近通報装置の搭載が義務付け**られました。すでに装備されている車の場合は、通報装置のオン・オフができなくなり、常に作動するようになります。

EVの静音性が思わぬデメリットを生んだ形ですが、このような指摘を受け、今後は安全性を高めるための基準が標準化されていくでしょう。

事故を未然に防ぐ「接近通報装置」

義務化されたEVの接近通報装置

接近を音で知らせる

車両接近通報装置の設置に関する規定

これまで　厳しくなる　2018年3月～

任意	装置搭載	義務
オフにできた	通報装置のオン・オフ	常時作動が義務付け
エンジン車の時速20kmの走行音を超えない程度	音量	10kmで50～75デシベル以上、20kmで56～75デシベル以上
規定なし	周波数（音の高さ）	聞き取りやすい値を規定

▲「車両接近通報装置」は、一定速度で走行、または後退しているときに通報音を発する。これにより、歩行者は車の接近を察知することができる。新型車は2018年3月8日から、現在市販されている車は2020年10月8日から搭載が義務化。常時作動させることが求められるため、通報音はオフにできない。

012

欧米、中国など、 世界で進むEVシフト

各国、さまざまな思惑でEVシフトが加速

　世界ではEVシフトが加速していますが、その中でも主導的役割を果たしているのがヨーロッパと中国です。

　2015年、欧州最大手のフォルクスワーゲン社が排ガス規制を逃れるため、データを不正に操作していた問題が発覚しました。これを引き金に、そのほかのメーカーでも同様の事案が発生し、EU全体でEVシフトが加速していったのです。大きく舵を切ったのはイギリスとフランスです。どちらも2040年までにガソリン車、ディーゼル車の販売を禁止することを決定しました。さらに、ノルウェーは2025年までにすべての車をEVに切り替えるという目標を掲げ、購入税の免除や高速道路の無料化など、さまざまな優遇策を打ち出しました。

　中国では2017年9月、乗用車の平均燃費を改善する政策と、**「新エネルギー車ポイント」** を一定ポイント獲得することを義務付ける政策を発表しました。「新エネルギー車ポイント」は、EVなら1台につき4～5ポイント、PHEVなら1台につき2ポイントが与えられるシステムで、2019年には総生産台数の10％を獲得しなければなりません。なかば強引ともいえる政策ですが、大気汚染などの環境破壊で頭を悩ます中国にとっては必要な政策といえるでしょう。

　自動車大国であるアメリカのカリフォルニア州では、2018年から、二酸化炭素などの排気ガスを排出しない自動車を保護する **「ゼロエミッション車法」** を定め、その対象からHVが外れるなど、ガソリンを使う車への規制が強化されています。

EVシフトが加速するEUと中国

EUでEVシフトの引き金を引いた排ガス不正

フォルクス ワーゲン	2015年9月、フォルクスワーゲンの排ガス不正をアメリカ当局が発表。フォルクスワーゲンは大規模リコールを表明する
ルノー	2016年8月、フランスのルノーが排ガスの排出量を不正に操作していた疑いが浮上。2017年1月、フランス当局が排ガス不正操作の疑いで捜査に着手
アウディ	2016年、二酸化炭素排出量を少なく見せかけていた疑いが浮上
ポルシェ	2016年、二酸化炭素排出量を少なく見せかけていた疑いが浮上
プジョー	2017年2月、フランスの公正競争当局が排ガス不正の疑いがあったとする調査報告を通告
ダイムラー	2017年5月、ドイツの検察当局が排ガス不正の疑いで家宅捜索。2017年7月、ドイツ政府が排ガス不正を調査
スズキ	2017年7月、オランダ検察が排ガス規制を逃れるために違法なソフトウェアを搭載していた可能性があるとして調査

▲EUなどで立て続けに発覚した排ガス不正。もともとEVシフトの流れにあったEUは、これらの問題を引き金にEVシフトを加速させていく。

世界各国の自動車を巡る規制・取り組み

ノルウェー	2017年2月、2025年までに段階的にガソリン車の販売禁止を提案
イギリス	2017年7月、2040年までにガソリン車、ディーゼル車の販売禁止を提案
フランス	2017年7月、2040年までにガソリン車、ディーゼル車の販売禁止を提案
ドイツ	2016年、2030年までにガソリン車、ディーゼル車の販売禁止を提案
インド	2017年4月、2030年までにガソリン車、ディーゼル車の販売禁止を提案し、すべての販売車両をEV化すると公言
中国	2018年に新エネルギー車（NEV）規制を導入
アメリカ	カリフォルニア州では、2018年からゼロエミッション車（ZEV）法の対象からHVが外れるなど、規制が強化
日本	EV（リーフ）の販売実績で日産自動車が先行。他メーカーも中国の新エネルギー車規制に合わせ、中国でのEVの販売を発表

▲自動車を巡る規制や取り組みが世界各国で行われている。多くの国が、ガソリン車やディーゼル車の販売禁止を提案している。

013

日本のEVシフトは日産がリード？トヨタが巻き返す？

世界がEVにシフトする中、日本はどうなる？

EVシフトへの対応が出遅れているなどの報道が見受けられる日本ですが、その要因の1つに、EUや中国が一足飛びにEVへシフトし、これが世界的な流れになったことが挙げられます。また、トヨタ自動車はHVで先行していましたが、アメリカのカリフォルニア州でゼロエミッション車の対象からHVを含むガソリン車が排除の方向になったのも、大きな要因といえます。

ところが、日本が出遅れているという指摘はあたらないという意見もあります。たとえばトヨタ自動車の場合、2011年にはPHVも投入し、2014年にはFCV「MIRAI」を発売しました。HVを含むEV全体の世界シェアは43%と、出遅れてるとはいえない実績を上げています。さらに、トヨタ自動車は巻き返しを図るかのように、マツダとデンソーと締結し、EVの開発を目的とした「EV C.A. Spirit株式会社」設立を発表しました。

国内で一日の長があるのは、やはり日産自動車でしょう。2009年に100%EV「リーフ」を発売して以降、性能を改善しつつ実績をつんできました。また、現在は日産自動車傘下の三菱自動車も、初のリチウムイオン電池搭載の市販車「i-MiEV」やPHEV「アウトランダー」などを量産するなど、国内のEV化をリードしています。EVは世界的に見ても、普及期前の助走段階です。実際、一気にEV化が進むとは考えにくいですが、大きな潮流であることは間違いなさそうです。

日本のEVシフトへの動向

EVでも巻き返しを図るトヨタ自動車

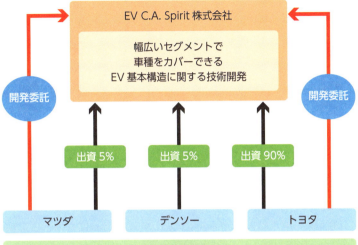

▲トヨタとマツダとデンソーが出資して発足した「EV C.A. Spirit株式会社」。EVの開発を目的とした会社で、幅広いセグメント、車種をカバーできるEVの基本構想に関する技術を共同で開発するとしている。

日本では日産自動車が先行

▲日産自動車は、2009年にリチウムイオン電池を搭載した100％EV「リーフ」を発売。以降、性能を改善しつつ現在に至っており、日本のEV市場をリードしている。

014

ダイソンも参入、ベンチャーが生み出す新しいEV

自動車メーカーだけではない！　ベンチャーにも魅力なEV市場

　ガソリン車のエンジンは、20世紀初頭から自動車業界がしのぎを削って性能を向上させてきたため、技術を持たない新興国や新興企業では開発が難しく、自動車業界への参入は困難でした。しかし、エンジンがモーターに置き換わったEVは、エンジン車に比べて参入がしやすいため、新興国の企業や自動車とは無関係なベンチャー企業が続々と参入してきています。

　イギリスの大手家電メーカー**「ダイソン」**は、2020年までにEV市場への参入を表明しており、コードレス掃除機などで培ったバッテリーやモーターの技術を活かしたEVを開発していると噂されています。心臓部のバッテリーは、リチウムイオン電池と比較すると容量が大きく、短時間充電も可能で、安全性も高い**全固体電池を採用**すると予想されています。

　京都発・EVスポーツカーメーカーの**「GLM」**は、フランスの「パリ・モーターショー」で次世代EVスーパーカー**「G4」**を披露し、大きな注目を集めました。GLMのユニークなところは、**「プラットフォーム」**と呼ばれる自動車を走らせるためのパーツ群とボディを独立させているところです。これにより、他社は着せ替えのようにボディを変えて販売することが可能なうえ、ユーザー自身がボディをデザインして自分だけの車を作ることができます。また、大手家電量販店のヤマダ電機は、EV開発を手がける会社と資本提携し、4人乗りのEVを販売すると発表しました。他業種でも参入しやすいEVは、さらなる技術革新を秘めているといえます。

EVに参入する異業種メーカーやベンチャー企業

家電ベンチャーのダイソンは全固体電池搭載のEVを開発?

2ドアクーペスタイルに
なる可能性があると予
想されている!

初代モデルの市場投入先はどこ?
最初の発売国は日本の可能性も!

▲イギリスの大手家電メーカーのダイソンは、2020年までにEV市場へ参入することを表明。心臓部のバッテリーには、リチウムイオン電池と比較すると容量が大きく、短時間充電も可能で安全性も高い全固体電池が使われることが予想されている。

日本のベンチャーは着せ替えできる車を開発

▲京都大学のプロジェクトを母体とするEVメーカー GLMは、「プラットフォーム」と呼ばれる自動車を走らせるためのパーツ群とボディを独立させたEVを開発。ボディだけを取り替えられるユニークなものだ。

015
トヨタとパナソニックが
電池の規格統一へ動き出す

車載用電池の分野でリードし、安定供給を視野に

　2017年12月、トヨタ自動車とパナソニックが**車載用角形電池事業で協業を検討**すると発表しました。パナソニックは車載用電池では世界最大手の企業で、アメリカのテスラなどの自動車メーカーにバッテリーを供給しています。

　パナソニックが提供しているバッテリーは円筒の形状をしています。バッテリー単体としては円筒状がもっとも効率が高いですが、自動車に搭載すると無駄な空間が発生し、スペース効率の悪い車になってしまいます。一方、角型の場合は効率よく配置でき、無駄な空間が発生しません。**EVのスペース効率が上がれば航続距離を伸ばすことができ、車内スペースも広くできます**。トヨタ自動車は、FCV（燃料電池自動車）には多くの投資を行ってきましたが、航続距離や経年劣化の問題を抱えるEVには消極的でした。今回の協業の検討は、両社の得意とする分野を融合し、業界ナンバーワンの車載用角形電池の実現と、**ポスト・リチウムイオン電池**の開発を視野に入れたものだと考えられます。

　また、**バッテリーの安定供給**という点も挙げられます。EVだけでなく、スマートフォンやパソコンなど、あらゆる機器に搭載されているバッテリーですが、世界的にバッテリーの供給は不足してきており、熾烈な争奪戦に突入しつつあります。バッテリーの性能向上だけでなく、安定供給能力を重視するのであれば、パナソニックは安定感のあるサプライヤーです。このような点も、今回の発表につながっているといえるかもしれません。

トヨタとパナソニックの協業の意味は?

突然の協業検討を発表

トヨタ、パナソニックが協業

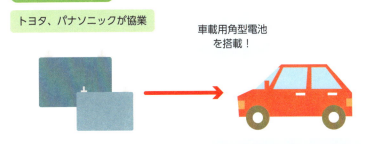

車載用角型電池を搭載!

効率よく配置できるため、無駄な空間がなくなる。スペース効率が上がれば航続距離も伸び、車内スペースも活用できる

▲2017年12月、トヨタ自動車とパナソニックは車載用角形電池事業で協業を検討すると発表。角型電池の開発だけでなく、資源調達や電池の再利用、リサイクルを含めて幅広く具体的な協業の内容を検討するとしている。

車載電池の市場規模とシェアの予測

ハイエッジによる「車載電池の市場規模とシェアの予測」

▲EVにとってバッテリーは命綱。しかし、市場拡大に伴って供給が不足してきている。そのため、安定供給能力を持つサプライヤーであるパナソニックとの協業は、トヨタ自動車にとって大きなメリットがあるものといえる。

1 加速するEVシフト! EV革命最前線

016

ルノー・日産自動車・三菱自動車の「アライアンス2022」とは

生き残りを賭けた戦略といえる新6か年計画

ルノー、日産自動車、三菱自動車は、新6か年計画「アライアンス2022」を発表しました。

1999年、経営不振が続き倒産寸前だった日産自動車は、経営立て直しのためにルノーと提携し、部品の共有化、共同購買などでコストダウンを図り、経営を効率化してきました。これを「ルノー・日産アライアンス」と呼んでいます。2017年には三菱自動車も加わったことで、2017年上半期の合計販売台数は約527万台を記録し、トヨタ自動車グループやフォルクスワーゲングループを抑え、世界でもっとも販売台数の多い自動車グループになりました。

アライアンス2022は、技術やプラットフォームなどの共有によるシナジー創出に取り組み、販売台数や売上高の増加を狙うパートナーシップです。2020年までにEV専用の共通プラットフォームを実用化し、2022年までにピュアEVを新たに12車種投入、航続距離600km達成、バッテリーコスト30％削減（2016年比）などの目標を達成するとしています。この強気とも捉えられる目標は、市場におけるグローバルリーダーのポジションを維持したい考えだといえるでしょう。また、自動運転技術の目標も掲げており、3社合計で40車種に採用する予定です。

このような取り組みの背景として、EV技術や自動運転技術が大変革期を迎えていることが挙げられます。EVや自動運転の市場では異業種からの参入も相次いでいます。自動車会社が必ずしも有利とは限らず、アライアンスはまさに生き残りを賭けた戦略といえます。

提携によりシナジーを創出する「アライアンス2022」

ルノー・日産自動車・三菱自動車の資本関係

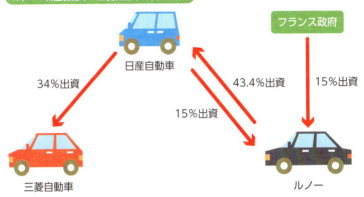

▲1999年、経営不振に陥った日産自動車はルノーと提携。部品の共有化などでコストダウンを図り、経営を効率化した。2017年、三菱自動車を加えて発表したのが、新6か年計画「アライアンス2022」だ。

EV業界でトップになるために掲げた目標

目標年	内　容
2020年まで	複数のセグメントに展開できるEV専用の共通プラットフォームを実用化
2020年まで	新たなEVモーターおよびバッテリーを投入し、3社で共有
2022年まで	2022年までにはEVの70%が共有プラットフォームベースに移行
2022年まで	100% EVを12車種発売
2022年まで	NEDCモード（ヨーロッパの燃料測定方法）でEVの航続距離600kmを達成
2022年まで	2016年比でバッテリーコストを30%削減
2022年まで	2016年は90kmだった15分の急速充電で走行可能な距離を230kmに拡大（NEDCモード）

▲アライアンス2022のEVの開発目標。そのほかにも自動運転技術、コネクテッド技術などで協業を加速させ、年間のシナジーを1.3兆円（100億ユーロ）へと倍増させると宣言。年間販売台数は1,400万台以上、売上高は2,400億ドルに達すると見込んでいる。

017

ピュアEV普及で
どうなる電力事情!?

すべてEVになっても電力は足りるが…

　EVが普及した場合、気になるのが**電力の使用量**です。日本は東日本大震災以降、ほぼすべての原発が稼働を停止し、電力の多くを火力発電に頼っているため、EVが普及すると電力が不足するのではという心配の声が上がっています。イギリスの新聞、デイリー・テレグラフでは、EVの自動車市場に占める割合が90％を超えた場合、原発5基分の電力が必要だと報道するなど、**「EV推進＝原発再稼働」**と結び付けられる傾向があります。

　ところが、現在の発電量とEVによる電力消費量を計算すると、すぐに再稼働が必要なわけではありません。たとえば、東京電力管内に1時間で3kWhの電力が必要なEVが100万台あったとします。この場合の1時間の電力消費量は300万kWhになります。東京電力の発電量は、火力発電所だけで1時間あたり約3,277万kWになりますが、EVが消費するのは発電量の約10％程度なので、発電能力内といえるのです。また、比較的発電能力に余裕のある深夜（23時〜翌朝）の充電であれば、それほど負荷はかからないといえるでしょう。

　EVは電力を作る施設が二酸化炭素を排出しているため、結果的に環境保全につながっていないという問題がありますが、二酸化炭素排出量を削減する発電技術は増えてきています。再生可能エネルギーが増えると発電量が大きく変動するようになるため、**EVを蓄電池として活用**すれば、この変動する発電をうまく平準化することができます。電力と環境の問題は切っても切り離せませんが、再生可能エネルギーの普及には、EVの普及が重要になるのです。

発電量は足りるが、二酸化炭素排出量の問題も

車がすべてEVに置き換わったら電力は足りる?

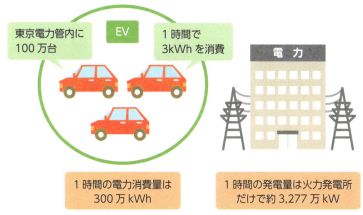

- 東京電力管内に100万台
- EV
- 1時間で3kWhを消費
- 1時間の電力消費量は300万kWh
- 1時間の発電量は火力発電所だけで約3,277万kW

▲車の台数、発電量が上図のような場合、EVが消費するのは発電量の約10%程度なので、発電能力内といえる。また、比較的発電能力に余裕のある深夜(23時〜翌朝)の充電なら、それほど負荷はかからないともいえる。

EVとガソリン車における二酸化炭素排出量の違いは?

EVのCO_2排出量

EVの使用電力

電池容量	航続距離(実質)	1km走るための電池容量
40kWh ÷	200Km =	0.2kWh

CO_2の排出量

CO_2排出係数	1km走るための電池容量	1kmあたりのCO_2排出量
0.5kgCO₂/kWh ×	0.2kWh =	0.1Kg

ガソリン車のCO_2排出量

実燃費 16.39km/L

1kmあたりのCO_2排出量 : 0.142Kg

実燃費 24.41km/L

1kmあたりのCO_2排出量 : 0.095Kg

※ガソリン1LあたりのCO_2排出量は2.322kgで計算

▲電力を作る施設が二酸化炭素を排出している場合、結果的に環境保全につながっていないという問題がある。現在の発電事情に近い0.5kgCO₂で計算すると、それほど大差のない排出量になる。

018

レアメタル高騰で
どうなるEV用電池事情？

新たな発掘や次世代電池の開発も視野に

　自動車各社がEVの増産計画を相次いで打ち出しており、リチウムイオン電池市場は拡大することが確実視されています。しかし、バッテリーの製造に不可欠なレアメタル、とくに**「コバルト」**が不足しており、価格は2016年から3倍以上に高騰していることから、EV普及の足かせとなるのではないかと不安が高まっています。

　全世界のコバルト埋蔵量の65％を占めるコンゴ民主共和国では、資源争奪戦によって内戦が発生するなど、政局が非常に不安定なため、増産が見込めません。児童労働の問題も指摘されています。このコバルト不足に対し、ドイツのフォルクスワーゲンは、2017年秋に採掘会社とかけあい、長期供給の確保に向けた入札を実施するなど、**メーカー側が独自にコバルトを確保する動き**も出てきています。さらに、オーストラリアなど、コンゴ民主共和国外に370カ所以上の未開発鉱区があるといわれており、これらの鉱区の埋蔵量も含めると、十分な量があるという見方もあります。

　このようなコバルト不足を解消するために、正極材にコバルトを使用しないバッテリーの開発も進んでいます。中でも次世代の革新的電池として注目されているのが**「リチウム空気電池」**です。これは、電極材料の一部に空気中の酸素を使うのが特徴で、現在主流のリチウムイオン電池に比べ、重量エネルギー密度が5倍以上高いとされています。このリチウム空気電池の可能性に目をつけたソフトバンク株式会社は、物質・材料研究機構と共同し、2025年頃の実用化を目指して、研究開発を重ねていくようです。

1

加速するEVシフト！　EV革命最前線

深刻なコバルト不足への対応は？

メーカーが独自に入手する動きも

▲全世界のコバルト埋蔵量の65％を占めるコンゴ民主共和国だが、政局が非常に不安定なため、増産が見込めない。コンゴ民主共和国外の370カ所以上の未開発鉱区での採掘を開始するほか、メーカー側が独自に確保する動きも見られる。

コバルトが不要な「リチウム空気電池」

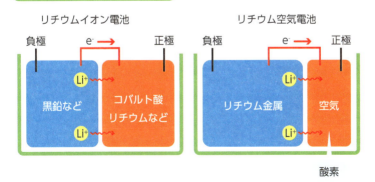

▲リチウム空気電池は重量エネルギー密度が高く、全固体電池と並んで次世代の革新的な電池として注目を集めている。

019
EVの普及で
部品メーカーもEVシフトへ

再編を余儀なくされる自動車メーカーとサプライヤー

　EVはエンジン車に比べて部品点数が少ないのがメリットですが、EVにシフトしていくと、従来のエンジン車の部品を主力としている自動車部品メーカー、とくに主力製品にエンジン関連を扱う部品メーカーにとっては深刻な問題になりかねません。大手証券会社が投資家向けに発表したリポートによると、**一部の部品メーカーでは受注が3割減少する可能性があると指摘されており、EV向けの部品開発を事業の中心に据えるなどの対応を行っています。**

　日本の自動車産業も再編が進んでいます。これまでは大手自動車メーカーを頂点として、部品メーカーを始めとする関連企業が密接な関係を築く構造が強みでしたが、トヨタ自動車はEVシフトの流れを見越し、2014年11月にグループの部品主力サプライヤーであるアイシン精機やデンソーなどの重複事業を整理・統合しました。また、素材メーカーである東洋ゴム工業は、EVには、サスペンションなどのゴム部品により高い次元の静粛性や振動減衰能力、電子制御への対応などが求められるとして、京都のEVベンチャー「GLM」との共同開発を開始しています。

　一方、部品によってはサプライチェーンの大きな見直しのきっかけにもなっています。たとえば半導体の場合、従来のエンジン車ではエンジンやエアコンなどの機器を制御するための部品でしたが、自動運転技術などが普及していくと、半導体やその周辺技術の位置付けが非常に重要になるため、自動車メーカーと同等、または優位に立って車の開発に携わるようになるかもしれません。

自動車業界や部品メーカーの対応

日本の自動車業界の構造

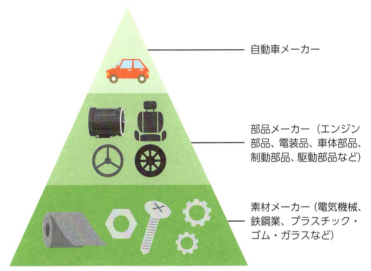

- 自動車メーカー
- 部品メーカー（エンジン部品、電装品、車体部品、制動部品、駆動部品など）
- 素材メーカー（電気機械、鉄鋼業、プラスチック・ゴム・ガラスなど）

▲日本の自動車産業は、大手自動車メーカーを頂点に、部品メーカーを始めとする関連企業が密接な関係を築いているのが特徴だ。

素材メーカーもEVシフトに対応

東洋ゴム工業	京都のEVベンチャー「GLM」と自動車用部品を共同開発
住友化学	高機能樹脂をEV製品として提案。リチウムイオン電池向けの絶縁体の生産能力増強も決定
カネカ	ベルギーでの高性能発泡樹脂製品の生産能力を増強。耐熱性や耐衝撃性に優れる発泡樹脂製品により、EVシフトへの需要拡大を見込む
帝人	フロントガラスに代わる樹脂製のフロントウィンドウを開発。従来より軽量化されており、車体の軽量化が求められるEVへの普及を進める
東レ	2020年までにリチウムイオン電池向けの絶縁体生産能力を現在比3倍に拡大

▲素材メーカー各社もEVシフトへの対応として、さまざまな施策をとっている。今後もこの流れが続いていくだろう。

020

次世代自動車の本命は やはりEVか？

世界の流れ、インフラの整い方などからEVが本命といえる

　EVの航続距離が伸び、充電施設も整いつつありますが、実際に次世代車としてEVは本命なのでしょうか。イギリスやフランスでは、2040年までにガソリン車、ディーゼル車の販売禁止を決めており、トヨタ自動車も2040年代までにガソリンエンジンのみの車種をゼロにする方針です。

　徐々に次世代自動車へとシフトしてきているため、遅かれ早かれガソリンエンジンのみの車はなくなっていくと考えられますが、そのような中、EV以外に次世代自動車として注目を集めているのが、**FCV（燃料電池自動車）** です。燃料が水素のため、二酸化炭素の排出量がゼロなので、環境にもやさしく、安定した供給が期待できます。トヨタ自動車が**「究極のエコカー」**とも呼んでいますが、普及はあまり進んでいません。普及の障壁になっているのがコストです。FCVに燃料を供給する**水素ステーションの建設コストは、ガソリンスタンドの5倍**ほどといわれており、**運用コストもEVの充電スポットよりはるかに高価**です。また、車体価格も高く、補助金制度などを利用しても安価とはいえません。トヨタ自動車はFCVの普及に努めていますが、世界各国に同様のインフラを設置するのは難しいといわれており、EVに取って代わるというのは考えにくいのが現状です。

　近距離での移動手段としてみればEVは魅力的です。走行距離に応じてハイブリッド車、燃料電池車、EVをうまく使い分けていくのが現実的でしょう。

究極のエコカー、FCVの巻き返しはあるか

FCVのしくみ

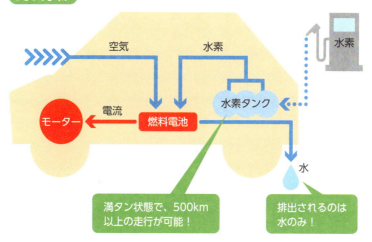

燃料電池の原理

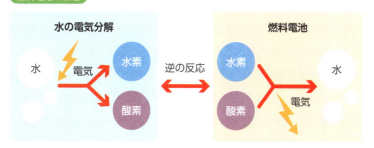

▲次世代自動車として注目されているFCVは、水素が燃料のため環境にやさしい車といえるが、運用コストはEVよりもはるかに高い。

Column

旧車を電動化する「EVコンバート」

　長年乗り続けてきた愛車にまだまだ乗り続けたいと思っていても、補修用の部品がなくなっていたということは少なくありません。また、日本の場合は新車登録から13年経ったガソリン車には、自動車税や重量税に重加算税が課せられるため、長く乗り続けていくのが難しい状況です。そのような中、新しい車の楽しみ方に、旧車を電動化する「EVコンバート」があります。

　EVコンバートは、旧車のパワートレインをそのままモーターとバッテリーに載せ換えてしまうもので、愛車を環境負荷を減らした車にコンバートできます。EV化してしまえば、いわゆる「エコカー減税」が適用されるので、税金の面でも乗り続けるハードルが低くなり、一石二鳥といえるでしょう。搭載するバッテリーやモーターなどのスペックを自分の好みに応じて選択できるというメリットもあります。航続距離を重視するならバッテリーを、パワーを重視するならモーターをといったように、バッテリーやモーター、インバーターなどの組み合わせを目的に合わせて構築することも可能です。

　車のEV化には、専門の業者に依頼する方法もありますが、その場合の費用は最低でも100万円は必要でしょう。また、最近では既存車に向けたEV改造キットも増えてきています。これはもともと整備工場での改造や教育目的として用意されていたものですが、EVコンバートの普及にともなって、一般の人でも購入できるようになりました。車は一生ものの買い物ですが、EV化することで、現在は乗られていない車もよみがえらせることができます。

Chapter 2

未来を牽引する!
自動運転最前線

021

自動運転ってなに？
——人が主体か車が主体か

運転支援と自動運転の違い

　最近注目されている「自動運転技術」は、言葉のイメージから、ドライバー不要で車が自動で走行すると思っている人が少なくないかもしれません。しかし、自動運転技術は、「運転支援システム（ADAS）」と「自動運転」の2つに分けることができ、それぞれ目的が異なっています。

　「運転支援システム（ADAS）」は、ドライバーの判断や操作の補助を行い、できるだけ事故を回避させるための機能です。前方の車のスピードに合わせて自動で加減速する**「アダプティブ・クルーズ・コントロールシステム（ACC）」**、場所や状況に合わせて車のライトの明るさを自動で調節する**「アダプティブ・ヘッドライト」**、車や歩行者との衝突の危険性が高いときに自動でブレーキをかけて衝突を回避する**「自動ブレーキシステム」**などがあります。このように、運転支援システムは、アクセルやブレーキ、ステアリングなどの操作を自動で支援してくれるのです。

　「自動運転」は、ドライバーを必要とせず、車が自動で走行することを目的としています。車の加減速、ステアリング操作、駐車など、今までドライバーが行っていた操作をコンピューター（AI）が自動で行ってくれます。交通事故の大半がドライバーの過失に基づく**「ヒューマンエラー」**であるというデータもありますが、自動運転が普及すれば、事故を大幅に減らすことができるかもしれません。また、ドライバーが不要になれば、車内スペースが広くなり、リビングのように活用できる日もくるでしょう。

自動運転は大きく2つに分けられる

ドライバーを支援する「運転支援システム」

アダプティブ・クルーズ・コントロールシステム（ACC）

前方の車のスピードに合わせて自動で加減速する

アダプティブ・ヘッドライト

明るさを自動調節

場所や状況に合わせて車のライトの明るさを自動で調節する

自動ブレーキシステム

検知して衝突回避

車や歩行者との衝突の危険性が高いときに自動でブレーキをかけて衝突を回避する

▲「運転支援システム（ADAS）」は、ドライバーの判断や操作を補助するための機能で、事故をできるだけ回避することを目的としている。

ドライバーが不要になる「自動運転」

リビングのように快適に過ごせる！

本やスマートフォンを見ながらくつろぐことができる！

▲「自動運転」はドライバーが不要な運転技術だ。乗員は運転を気にすることなく、車の中で快適に過ごせる。

022

自動運転って
いまどこまできてるの?

レベルによって変わってくる自動運転の中身

　自動運転には、レベル0〜5までの6段階があり、SAE（米国自動車技術者協会）が提唱した「J3016」と呼ばれる指標に準じています。

　まず、レベル1〜2までに相当するのが**「運転支援システム（ADAS）」**です。現在日本で販売されている自動車の多くは、このレベル1〜2のシステムを搭載しています。レベル1は、加減速またはステアリングのいずれかを制御するもので、現在製造販売されている自動車では**「自動ブレーキ（衝突被害軽減ブレーキ）」**が該当します。レベル2は、加減速とステアリングを同時に制御するもので、現在発売されている高度な運転支援システムを搭載している自動車はこのタイプです。

　レベル3は、人間が操作しなくても運転することができますが、緊急時など、状況によっては人間の運転が必要なため、運転免許を所有したドライバーが必要になります。レベル4は、特定の状況下においてのみ、運転が完全に自動化されます。ドライバーは不要ですが、走行できる場所は限定されます。レベル5は、すべての状況下において運転が自動化されるため、ドライバーは必要ありません。

　Audiがレベル3の新型モデルを出し、欧州ではすでに販売されていますが、各国での販売については、テストや法的な問題を含めて、段階的に行われていくようです。日本政府は、**2020年代後半以降に完全自動走行を実現し、2030年までにレベル5相当の走行技術を普及させる**としていますが、自動運転技術の発展は、まだこれからといったところでしょう。

自動運転はレベルによって変わってくる

自動運転技術の進化

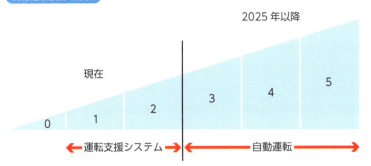

▲自動運転はレベル0〜5までに分けられており、現在販売されている自動車は「レベル2」までが採用されている。レベル3以降は、技術の進化だけでなく法整備などが必要だ。

レベルによる違い

レベル	概要
レベル0 （手動運転）	加減速、ステアリングなど、すべての操作をドライバーが行う。システムは運転操作に対しては関与しない
レベル1 （運転支援）	加減速、ステアリングのいずれかをサポート。車線の逸脱を検知するとステアリングを補正するシステムや、ACC（アダプティブ・クルーズ・コントロール）など、加減速とステアリングが相互連携しない技術
レベル2 （部分運転自動化）	加減速、ステアリングの両方をサポート。加減速とステアリングが相互連携する技術
レベル3 （条件付き自動運転）	特定の場所ですべての操作が自動化される。ただし、緊急時や自動運転システムの不具合など、自動運転が困難になった場合、ドライバーが運転を代わる必要がある
レベル4 （高度自動運転）	特定の状況下ですべての操作が完全に自動化される。緊急時も自動運転システムが操作するので、ドライバーは運転操作の必要がなくなるが、走行できる場所が限定される
レベル5 （完全自動運転）	すべての状況で操作が完全に自動化される。そのため、ドライバーは不要となる

▲レベルによる技術の違いは表のとおり、レベル4以降はドライバーが不要になる。ただし、どんな場所でも無人で運転できるのはレベル5だけとなる。

023

自動運転技術で
駐車もできるって本当?

駐車中の事故や煩わしさを解消する「自動駐車システム」

　近年増加しているアクセルとブレーキの踏み間違いによる駐車中の事故を解決するために、**「自動駐車システム」**の開発が進んできており、徐々に実用化されてきています。

　日産自動車の新型リーフには、**「プロパイロットパーキング」**と呼ばれる技術が搭載されています。これは、前後左右に1台ずつ設置されたカメラと、前後各4カ所、左右各2カ所に設置されたパーキングソナーを使って、駐車場内の空きスペースや、周辺の状況をモニターして自動で駐車する技術です。**縦列駐車や並列駐車など、さまざまな駐車スペースに対応**しているのも特徴です。

　スマートフォンを使った自動駐車システムにも注目が集まっています。ドイツのボッシュは、ラスベガスで開催された「CES 2018」で、**「オートメーテッド・バレーパーキング」**を発表しました。これは、ドライバーが駐車場の入口に車両を停め降車し、スマートフォンのアプリから指示を出すと、車両が自走して空車スペースを探し、自動で駐車する技術です。

　また、日立オートモティブシステムズとクラリオンは、自宅駐車場の周辺環境を記憶する**「Park by Memory」**を発表しました。車両に装着したカメラや周囲の検知情報、GPSによる位置情報を統合し、駐車周辺環境と駐車パターンを記憶します。車が記憶した駐車場に近づくと、スマートフォンアプリに通知され、アプリで操作を行えば自動で駐車してくれます。自動駐車システムは、**事故の危険性を減らすだけでなく、駐車の煩わしさも解消**してくれるでしょう。

事故と煩わしさを減らす自動駐車システム

日産リーフの「プロパイロットパーキング」

①駐車したい場所の手前でプロパイロットパーキングスイッチを押し、駐車したい場所の真横に停車する。

②プロパイロットパーキングスイッチを駐車完了まで押し続けると、駐車が完了する。

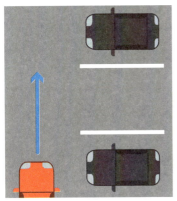
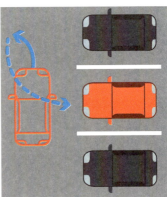

▲専用スイッチを押すだけで、駐車スペースを自動検知し、自動駐車する「プロパイロットパーキング」。縦列駐車や並列駐車など、さまざまな駐車スペースに対応しており、駐車の煩わしさを解消している。

スマートフォンを使った自動駐車システム

▲ドライバーが駐車場の入口に車両を停めてから降車し、スマートフォンのアプリから指示を出すと、空車スペースを探して自動で駐車する技術の開発が進んでいる。

024

完全自動運転の時代になっても
免許証は必要?

現在の法律では免許不要にはならない

　ドライバーに代わってAIが運転する時代が目前に迫っている中、運転免許証の必要性はどうなるのでしょうか?

　アメリカのカリフォルニア州車両管理局(DMV)は、自動運転車の実用化をにらみ、2015年に世界初となる規制案を公表しました。この規制案では、自動運転車の実証試験をする場合に、DMVが**「自動運転車運転免許証」**を発行します。自動運転車に搭乗する際は、その免許証を取得したドライバーが搭乗し、緊急時のために備えることを義務付けています。これに対し、自動運転システムの開発を進めるGoogleは、「時代に逆行する動きだ」と猛烈に抗議するなど、現在試験段階の自動運転システムにおいては多くの議論がなされており、今後、世界的なルール作りが必要になってくるかもしれません。

　日本の法令に当てはめた場合、道路交通法上の「運転者」に自動運転車のAIが含まれるかどうかという問題があります。現在の法解釈としては、交通事故時の救護義務を始め、AIには履行できない義務が**「運転者の義務」**として定められているため、AIを「運転者」に含めるのは難しいといわれています。つまり、レベル3以上の自動運転車であっても、**事故の回避や道路交通法の順守のために、免許を取得したドライバーが必要**なのです。しかし、時代とともに自動運転システムの信頼性が高まれば、その技術水準に合った法整備がされると考えられます。その際は免許制度も大きく見直され、免許証が不要な時代がやってくるかもしれません。

自動運転と免許制度

公道における自動運転試験に際しての規制案を公表したカリフォルニア州

▲2015年に世界初となる自動運転の実証試験に関する規制案を公表したのがカリフォルニア州車両管理局。当初は専用の免許証を取得したドライバーの搭乗が必要とされていた。現在は規制緩和の方向へ向かっている。

コンピューター（AI）はドライバーになれない

▲現在の日本の道路交通法では、交通事故時の救護義務を始め、AIには履行できない義務が「運転者の義務」として定められている。そのため、自動運転車であってもすぐに免許不要とはならないだろう。

025

自動運転で事故を起こしたら
どうなるの？

責任はどこにあるのか

　世界各地で自動運転車の実証試験が行われていますが、自動運転車の過失による事故が発生した場合はどうなるのでしょうか。

　世界各国の道路交通法規の多くは、「ジュネーブ条約」と「ウィーン条約」に準拠していますが、自動運転車が事故を起こしたときの責任の所在については、2つの国際条約の考え方に違いがあるため、まだ明確な答えが出ていません。

　ジュネーブ条約では、「自動運転車でも運転の責任は運転者にある」としているのに対し、ウィーン条約では、「一定条件下ではあるが、自動運転システムに運転の責任を任せる」としています。ジュネーブ条約を批准している日本において、国土交通省は「自動運転は運転支援の技術に過ぎず、運転の責任は運転者が負うべき」という見解を出しているのに対し、ウィーン条約を批准するドイツでは、法改正で自動運転の実用化を後押しすることで、デファクトスタンダードを狙い、自動車業界のイニシアチブを握ろうとしています。

　保険についてみても、「自動運転車が事故を起こした場合の当事者は誰か」「誰を相手にした保険なのか」といった責任の所在を明確にするのは難しいところです。日本政府が示した大まかな指針では、「人の関与の余地が残るレベル3 ～ 4では、車の所有者や運転手が一義的な責任を負う現行制度を維持。ただし、システムの不備が事故原因となった場合は、保険会社が保険金額の一部負担を自動車メーカーに請求できるようにする」となっています。保険の適用範囲などのルールは、今後の議論の行方を見守る必要があります。

自動運転時の事故における責任の所在は？

国際条約における「ねじれ現象」

ジュネーブ条約
運転者の同乗が前提の条約のため、自動運転車でも、運転の責任は運転者にある

ウィーン条約
一定条件下ではあるが、自動運転システムに運転の責任を任せる

ルールの策定には時間を要する可能性がある！

▲自動運転車が事故を起こしたときの責任の所在について、「ジュネーブ条約」と「ウィーン条約」という2つの国際条約の考え方に違いがあるため、明確な答えがまだ出ていない。

自動運転で変わる保険のあり方

メーカーとオーナーのどちらに責任がある？

自動運転の事故の当事者は誰？

そもそも誰に対しての保険？

▲責任の所在が明確になっていないため、保険のあり方もどのように変わっていくか流動的だ。さまざまなルールが策定されて初めて、保険のあり方も見えてくるだろう。

026

自動運転のしくみ
——システムを構成する4つの機能

安全な自動運転のために使われる機能とは

　自動運転は、車の運転に必要な「認知」「判断」「操作」をすべて自動化し、安全に走行させるため、**4つの機能**で構成されています。

　まずは**「情報収集」**です。車を運転するときは、前後左右を走る車両との車間距離、周囲の歩行者の状況、走行する道路の交通情報などの情報が必要です。これらの情報は、車に取り付けられたカメラやセンサーなどの機器、さまざまなシステムを活用して収集されます。たとえば、車間距離や歩行者との距離を計測する場合、赤外線レーザーや車載カメラ機能などが使われます。また、走行する位置を知るための「GPS」、周囲の交通情報を知るための「ITSシステム」など、外部のシステムも活用されています。

　集められた情報をもとに**「分析・認識」**を行います。たとえば、カメラに映し出された被写体が何かを判断し、それが車であれば、どのくらいの速度でこちらへ向かってきているのかなどを分析します。また、GPSやITSシステムで受信した気象情報や交通情報は、最適なルートを選択するための判断材料として使われます。

　収集・分析された情報をもとに、コンピューターが**「行動を決定」**します。道路上にあるものを特定し、的確な動きを決めるのはかなり高度な作業ですが、こうした判断を下すために、深層学習（ディープラーニング）をもとにした人工知能の利用が検討されています。これらの工程を経て、初めて車を**「制御」**して走行します。

　このように、自動運転は複数のステップを経て、実現される技術なのです。

自動運転は4つの機能で構成される

自動運転を構成する機能

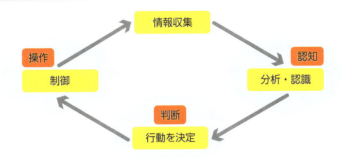

▲運転の基本的なしくみは、収集した情報から周囲の状況を「認知」し、その状況を「判断」し、車を「操作」すること。これらをすべて自動化する「自動運転」は、安全に走行させるために4つの機能で構成されている。

自動運転で収集される情報

▲自動運転は、車載カメラやセンサーのほか、GPSやITSシステムなどの外部システムを活用して情報を収集する。収集された情報を分析・認識し、AIが行動を決定する。

027

自動運転に欠かせない
センシング技術「LiDAR」

自動運転の「眼」となるレーダー技術

　自動運転システムは、周囲を検知するセンサーをとおして、「歩行者はいないか？」「対向車はないか？」「道路標識の指示は何か？」といった情報を画像処理、もしくは反射波を測定するなどして確認します。そこで、人の「眼」の代わりをするのが**「LiDAR」**です。

　LiDARとは、光（レーザー）を使って周囲の状況をセンシングする技術で、**従来の電波レーダーよりも高い精度で検出できる**のが特徴です。原理は構造物の測量などに使われる3Dレーザースキャナーと同じもので、レーザー光で対象物をスキャンし、対象物の方向と距離を計測します。自動車周辺を360度、垂直方向にスキャンして情報を取得します。

　LiDARが最初に提案されたのは1960年代でしたが、かさばるうえに動作も遅く、自動車で利用できる技術ではありませんでした。しかし、部品の小型化や高速に動作するコンピューターのおかげで高性能化され、自動運転に必要な技術だと自動車業界から注目を集めました。現在実用化に向けて開発が進められているLiDARは、対象物までの距離だけでなく、その**対象物の形状まで検知**できる高性能なものです。しかし、自動運転の実験車両で使われているLiDARは、安くても約80万円という高価なパーツのため、そのまま市販車に搭載できません。日本でも、トヨタやパイオニアなどから新しいタイプのLiDARを量産する動きが出てきており、今後さまざまなメーカーの開発競争を経て実用化されていくでしょう。

自動運転の「眼」となるLiDAR

▲LiDARは、レーザー光で対象物をスキャンし、対象物の方向と距離を計測。自動車周辺を360度、垂直方向にスキャンして情報を取得。

▲トヨタ自動車が採用する計画を明らかにしたLuminar TechnologiesのLiDARシステム。周囲の状態を精細に描き出している。この技術により、自動運転の安全性が高められるだろう。

028

自動運転による衝突を回避する「EyeQ」

先進の運転補助システムで自動運転を安全に

　自動運転で避けなければならないのが事故ですが、そのような事故を未然に防ぐ技術の開発をリードしてきたのが、イスラエルのモービルアイ社です。同社の画像認識チップ**「EyeQ」**は、世界トップ25の自動車メーカーのうち、22社に採用されています。

　2017年にインテルに買収されたモービルアイ社は、もともと単眼カメラによる衝突回避技術を開発していました。これは、1つのカメラで情報を取り込むもので、**車のフロントガラスなどに取り付けたカメラの画像情報から、前方の車両や歩行者、車線を認識して距離を算出**します。自動車や障害物に衝突する危険が迫ると、未然にブザー音やディスプレイアイコンで知らせてくれ、必要に応じて自動ブレーキをかけるしくみです。**コンパクトかつ低コストで導入**できるため、システムは大いに評価され、ADASの分野でシェアを大きく伸ばしました。しかし、カメラは夜などの暗い場所には弱く、より広範囲に、全天候型で障害物を検出するには、レーダーなどのほかのセンサーと組み合わせる必要があるのです。

　EyeQは、これらすべてのセンサー情報を合体させ、総合的に分析し、より高度に障害物を検知する技術です。性能は年々向上しており、カメラが取得した映像から、車や歩行者の膨大な形状データベースとパターンをマッチングすることで、より精度の高い分析を実現しています。EyeQの搭載は2007年に始まり、2018年には、情報処理能力を6倍にアップさせた**「EyeQ4」**も登場する予定です。今後も多くの自動車メーカーに採用されていくでしょう。

自動運転の安全性を高めるモービルアイの技術

モービルアイの単眼カメラ

▲モービルアイ社の単眼カメラは、車のフロントガラスなどに取り付けた1つのカメラの画像情報から、前方の車両、人間、車線を認識して距離を算出。衝突の危険が迫ると未然にブザー音やディスプレイアイコンで知らせてくれ、必要に応じて自動ブレーキをかけるしくみだ。

各種情報を総合的に分析するEyeQ

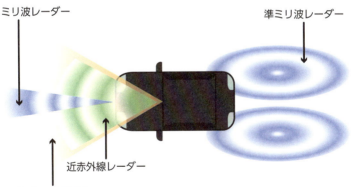

▲より広範囲に、全天候型で障害物を検出するには、レーダーなどのほかのセンサーと組み合わせる必要がある。「EyeQ」は、カメラとセンサー情報を合体させ、総合的に分析し、より高度に障害物を検知するチップだ。

029

レベル5の自動運転を実現する「DRIVE PX」

飛躍的に性能向上、AIとクラウドで完全自動運転へ

　自動運転にはいくつかのレベルがありますが、場所を問わず、どんな状況下でもドライバーが不要な**「完全自動運転」**であるレベル5の自動運転技術はまだ開発されていません。そのような中、「GPU Technology Conference（GTC）Europe 2017」において、NVIDIA社がレベル5に対応するAIを搭載したコンピューター「DRIVE PX」シリーズの新製品**「Pegasus」**を発表しました。

　レベル5の自動車は、周囲の環境を常に監視する必要があり、高度な判断が求められます。たとえば、道にゴミが落ちていた場合、小さなゴミであれば踏んでも問題ありませんが、大きなゴミであれば回避する必要があります。このような高度な判断を的確に下すために、DRIVE PXはカメラに映った対象物を、**「Deep Neural Network」**と呼ばれるAIによって特定し、自動車の周囲の状況を判断します。NVIDIA社が開発した試作車では、12台のHDカメラから取り込んだ画像データを同時に処理でき、**障害物の陰から一部しか見えない歩行者をも認識**できる能力を持っています。さらに、車載チップとデータセンターが連動して動くため、個々の自動車で新しい対処方法を学んだ場合、それをクラウド上に吸い上げ、**対応車載チップを搭載するすべての自動車にダウンロード**することができます。

　ドイツポストDHLは、2018年に現行モデルのDRIVE PXを搭載した自動運転トラックの試験運用を目指しています。市販車への搭載はまだ先になりますが、完全自動運転の実現が近づいてきています。

「DRIVE PX」でレベル5の実現が近づく

AIによって対象物を特定

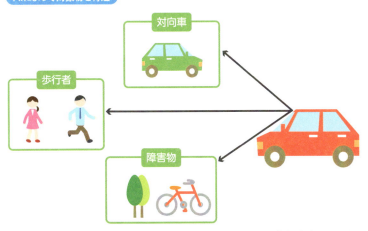

▲DRIVE PXはカメラに映った対象物を、「Deep Neural Network」と呼ばれるAIによって特定。自動車の周囲の状況を的確に判断する。

対処方法をクラウドで共有

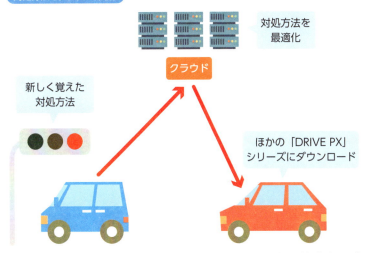

▲自動車が新しい対処方法を学んだ場合、対処方法をクラウドに保存。対処方法が最適化されたら、対応車載チップを搭載するすべての自動車にダウンロードできる。

030
Googleの自動運転車プロジェクトは「Waymo」として独立

ドライバーが乗車しない完全自動運転でサービス開始を目指す

　Google社が自動運転車の開発を開始した2009年以来、公道での実走行テストは800万kmを越えました。このGoogle社の自動運転車の開発プロジェクトは**「Waymo」（ウェイモ）**として独立し、親会社であるAlphabet（アルファベット）社の傘下になりました。

　Waymoはこれまでの自動運転の試験車で、安全面において優秀な実績を築いています。安全のために、自動運転に代わってドライバーが運転しなければならない状況に陥ったとき、Uberの自動運転車が約21km走行するごとにドライバーの手が必要になるのに対し、Waymoは約9,000kmでわずか1回だけだったのです。

　このように、自動運転技術をリードするWaymoは、2017年11月7日、**ドライバーが乗車しない完全自動運転に移行し、自動運転カーシェアリングサービスの開始を目指すと発表**しました。同社が開発する「Chrysler Pacifica Hybrid」ミニバンは、SAEレベル4の自動運転が可能で、あらかじめ定められたエリア内であれば、ドライバー不在で走行できるとされています。現在は限られたエリアでのみ走行が可能ですが、今後は走行エリアをさらに拡大する予定になっています。

　実用化一歩手前まできているWaymoは、ドライバーが乗車しない自動運転車の技術を、YouTubeの360度ムービーで公開しています。この動画を見れば、自動運転のしくみや革新的な技術を理解できるでしょう。走行試験を重ね、安全性が担保されれば、Waymoのサービスを利用できる日がやってくるかもしれません。

自動運転技術をリードする「Waymo」

Googleから分社化された「Waymo」

▲Waymoは自動運転車の安全性が非常に高く、ドライバーに運転を代わらなければならない「自動運転の解除」は、約9,000kmでわずか1回だけだった。

自動運転の動画をYouTubeで公開

▲Waymoの自動運転車は、270m以上先の物体を識別することができ、走行中の周辺情報をもとに、次に起きる状況を精密に予測できるとされている。

031

自動運転車がリアルタイムで道路を学習するシステム「SegNet」

GPSに頼らずに3D空間を機械学習するソフトウェア

　ケンブリッジ大学の研究チームは、自動運転技術を応用して、GPSなどを使えずに現在地がわからなくてもナビゲートできる2つのソフトウェアを開発しました。

　1つ目は「SegNet」と呼ばれ、自動で道路を認識・学習するソフトウェアです。このソフトウェアは、画像からどこに何があるのかを判断する「セグメンテーション」という自動運転車の基礎的な技術が応用されており、カメラがとらえる道路のRGB画像を解析し、道路、標識、歩行者、建物など、映った物体を12種類のカテゴリーに分類します。分類された情報はソフトウェアが読み取り、さまざまな状況を認識します。**日中や夜間などの明暗の差が大きい状況にも対応が可能**で、従来のレーザーやセンサーなどのシステムよりも認識率が高く、現在は90％以上を正確に判断できるとされています。

　2つ目は、カメラがとらえた建物の形、標識、ランプなどの情報をもとに、現在地を割り出すシステムです。このソフトウェアの手法は、自動運転車がセンサーで受け取ったデータと、事前に用意した地図を比較して位置を把握する方法とほぼ同様で、GPSに頼らずに現在地を割り出せます。このソフトウェアはGPSを利用しないため、何らかの理由で通信できない場合でも現在地を割り出すことが可能です。

　これらの技術は、短期的にはロボット掃除機などに利用されるそうですが、まだ完全なものではなく、今後の開発が期待されます。

ケンブリッジ大学が開発した2つのソフトウェア

自動的に空間を学習するSegNet

▲SegNetは、カメラで撮影された道路の画像を解析し、道路、標識、歩行者、建物など、映った物体を12種類のカテゴリーに分類して学習するソフトウェアだ。

GPSを使わず現在地を割り出す

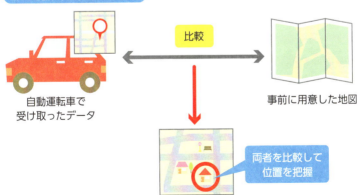

▲カメラで撮影された建物の形、標識、ランプなどの情報と事前に用意した地図を比較し、現在地を割り出すシステムだ。

032

自動運転中の危機を予測する「アルゴリズム」

2つのアルゴリズムが安全な自動運転を行う

　自動運転では、道路状況などのさまざまな情報に基づき、意思を決定する必要があります。この意思決定には多くの技術が使われていますが、中でも重要なのが**「アルゴリズム」**です。

　自動運転を行うためには、周辺の環境を認識することがもっとも重要です。これらは各センサーが計測しますが、センサーだけではすべてを判断しきれません。たとえば、自動運転によく使用されているLiDARの場合、障害物の位置や形状などは計測できますが、移動する物体の動きは計測できません。このような問題を解決するために、センサーから得られた情報を組み合わせ、処理や解釈を行うアルゴリズムが重要な技術分野の1つなのです。

　自動運転に必要なアルゴリズムは、主に**「予測アルゴリズム」**と**「意思決定アルゴリズム」**です。予測アルゴリズムは、各センサーが取得した情報をもとに、現在の走行経路と付近の車との距離間に基づいて、走行している車の道路上の予想位置を割り出します。また、車以外の障害物や歩行者といった、走行の障害となり得るものの動きを予測します。一方、意思決定アルゴリズムは、道路上の車が行うと予測された動きに対して、自車の適切な経路を選択します。視界の良し悪しや渋滞など、不確実な状況であっても正しく動作する必要があるため、より高度な処理が求められます。

　このように、**アルゴリズムは非常に重要な技術であり、高度な処理能力が必要**ですが、今後、半導体の性能向上などによって、徐々に進化していくことでしょう。

自動運転に使われる「予測アルゴリズム」と「意思決定アルゴリズム」

ほかの自動車や障害物の予想位置を判断する「予測アルゴリズム」

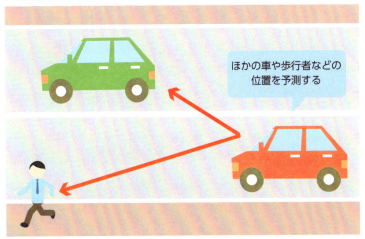

▲予測アルゴリズムは、各センサーが取得した情報をもとに、現在の走行経路と付近の車との距離間に基づいて、走行中のほかの自動車の道路上の予想位置を割り出す。

ほかの車両の動きから自車の適切な経路を決定する「意思決定アルゴリズム」

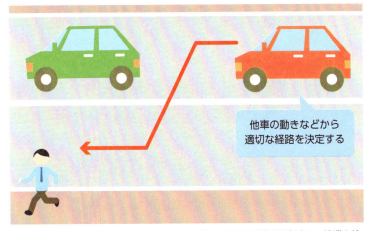

▲道路上の車が行うと予測された動きに対して、自車の適切な経路を選択する。渋滞など、状況に応じて適切な判断が求められる高度な技術だ。

033

自動運転の精度を上げる「強化学習」

強化学習で進化したAIがより安全な運転をする

　自動運転車は、運転を重ねることで運転精度が高まっていきますが、AIが運転精度を高めるための学習を**「強化学習」**と呼びます。強化学習とは、機械学習のアルゴリズムの1つで、決められた情報を学習するのではなく、AIに与えられた環境をAI自身が観測し、AI自身が行動して自立的に学習していくものです。

　強化学習は、車に対し、どうのようにして**「報酬」**と**「罰」**を与えるかがポイントです。たとえば、加速したら報酬（加点）を与え、壁や他車に衝突したら罰（減点）を与えるといった採点基準です。そうすることで、最初は動かなかった自動運転車が、点数を稼ぐためにスピードを出して走り始めます。しかし、闇雲にスピードを出すと、障害物への衝突の危険が高まるため、ぶつからないように減速したり、方向転換したりするようになります。この学習を続けていくことで、最適なスピードや距離間、衝突防止への工夫を学習していきます。

　強化学習で学習したGoogle社の自動運転車は、公道での走行を開始しています。時速40km程度ですが、ハンドル、アクセル、ブレーキペダルがいっさいなく、スタートボタンのみで走行します。また、大手自動車メーカーのAudiでは、この強化学習をいち早く自動運転技術に取り込み、**渋滞時などにハンズフリーでの走行を可能にする運転支援システム**を搭載した車を2016年に発売しています。AIが自立的に学習する強化学習で、自動運転車の運転技術はより高度になっていくでしょう。

強化学習のポイントは「報酬」と「罰」

ポイントとなる採点基準

加速したら報酬（加点）

車や障害物に衝突したら罰（減点）

▲強化学習は、車に対して「報酬」と「罰」を与える機械学習のアルゴリズムの1つ。報酬（加点）と罰（減点）で採点基準を与え、より点数を稼ぐようにする学習方法だ。

学習をくり返し安全な運転技術を取得

これまで学習してきた内容から最適な運転を判断

▲AIは学習をくり返し、しばらく実験を重ねることで、障害物にぶつからないように加速したり減速したりする。

034
自動運転の操作を制御する「電子制御技術」

現在の市販車でも活用されている電子制御

　現在、自動運転の実験車両の多くは、市販車にセンサー類を取り付けたものです。車の内部に多数組み込まれている**ECU（電子制御ユニット）**に、自動運転ソフトが命令を出し、運転を操作しています。このように、車の運転に必要な**「走る」「止まる」「曲がる」**といった基本的な機能は、すでに電子制御されているものが多く、自動運転車への応用が可能です。

　現在市販されている車は、ドライバーのステアリング、アクセル、ブレーキの操作を電子的に判断し、それに応じた制御命令をECUへ送ることで運転を操作しています。つまり、アクセルを踏めば、アクセル操作に応じた命令がエンジンECUに送られ、車が加速するのです。現在の車では、人間が操作していないことを、車側が判断して操作する機能も備わりつつあります。たとえば、ブレーキとアクセルを同時に踏んだときにブレーキを優先する**「ブレーキオーバーライド」**では、駐車場やコンビニエンスストアでの踏み間違い事故を防止できます。また、自動ブレーキ機能の場合、センサーが衝突の危機を察知したときに、自動でブレーキ操作を実行します。

　高級車にはエンジン、トランスミッション、パワーウィンドウ、パワーシートなど、100個以上の専用ECUが埋め込まれており、各ECUの制御命令は、車載ネットワーク経由で目的のECUに送信されます。このように、**自動運転に必要な車の制御はすでに電子化**されており、これが自動運転の進化に大きく寄与していることがわかります。

車の内部に多数組み込まれているECU

車の各種機能はECUによって制御されている

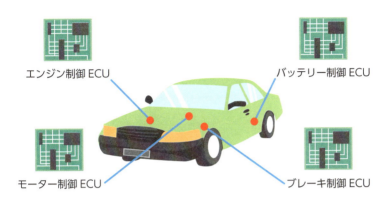

▲ 「走る」「止まる」「曲がる」といった基本的な機能は、ECU（電子制御ユニット）によって電子制御されている。そのため、各種センサーを取り付けるだけで、自動運転の実験車両が出来上がる。

ブレーキオーバーライドのしくみ

▲ 「ブレーキオーバーライド」機能の場合、ブレーキとアクセルを同時に踏んだときはブレーキを優先する。この機能により、駐車場やコンビニでの踏み間違い事故を防止できる。

035

自動運転用の高精度3次元デジタル地図「ダイナミックマップ」

ダイナミックマップは自動運転の鍵となる技術

レベル3以上の自動運転の実現には、現行のカー・ナビゲーション・システムよりも高精度な地図データが必要とされています。この技術の大きな柱となるのが、AIが読む地図ともいわれている**「ダイナミックマップ」**です。

ダイナミックマップには2つの特徴があります。1つ目は、**高精度な空間情報**であることです。たとえば道路の場合、ただ道幅だけを示すのではなく、個々の車線まできめ細かくデータ化されます。また、信号や標識、周囲の建物、歩行者などは立体データとして読み込まれるため、標識に基づいた走行や、建物を感知しながらの走行が可能になります。2つ目は、**4つの階層（レイヤー）に分類され、随時更新される**ことです。周辺車両や信号のように常に変化する**「動的情報」**、事故や渋滞情報、気象情報などのように時間に応じて変化する**「准動的情報」**、交通規制情報や道路工事情報などのように一定期間は変化しない**「准静的情報」**、長期間にわたって変化しない**「静的情報」**に分かれており、これらがリアルタイムに更新されることで、AIは最新の情報を取得し、運転を最適化できます。

ダイナミックマップの開発競争もすさまじく、Audi、BMW、ダイムラーなどは、地図大手のHERE社を買収してダイナミックマップの開発を進めています。日本では、国内の自動車メーカー9社と、地図製作会社やIT企業がダイナミックマップ基盤企画株式会社を設立し、全国の高速道路のダイナミックマップ化を行っています。

ダイナミックマップの2つの特徴

高精度な空間情報を保有

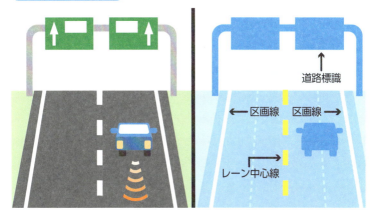

▲道路の場合、ただ道幅だけを示すのではなく、車線や信号、標識、周囲の建物、歩行者なども立体データとして読み込まれる。

4つの階層に分類された情報を随時更新

動的情報(リアルタイムに更新)
周辺車両、歩行者、信号情報など

准動的情報(1分に1回以上更新)
事故情報、渋滞情報、狭域気象情報など

准静的情報(1時間に1回以上更新)
交通規制情報、道路工事情報、広域気象情報など

静的情報(1カ月に1回以上更新)
路面情報、車線情報、3次元構造物など

▲ダイナミックマップは4つの階層に分類される。これらの階層はすべてリアルタイムで更新されるため、AIは最新の情報で運転を最適化できる。

036

無人自動運転車も欧米が先行、日本は2020年を目指す!?

ヨーロッパでは完全自動運転の実証実験を開始

　世界各国で実証実験が始まっている自動運転ですが、完全無人で運転する商用自動車の実験や試乗も行われています。

　スイスのバス事業者大手のPostBus Switzerland社では、2016年夏から、自動運転コミュニティーバス「SmartShuttle」の公道における実証実験を開始しています。スイス南東部のシオン市で行われた公道実験では、1万6千人ほどが試乗しました。また、ドイツで開催された「CeBIT 2017」ではデモンストレーションが行われ、20日間で1,732人が試乗しています。これらの実験では、技術的な問題だけでなく、**乗車する人が自動運転バスを抵抗感なく受け入れられるかどうかを検証**しています。

　イタリア北部のクレモナでは、「Yape」と呼ばれる自動運転ロボットによる配送サービスのテストが開始されています。独立した電気モーターを備えた2つの車輪で走行し、搭載されているカメラ「360度ヴィジョン」により、人間の目よりも早く障害を検知することができます。歩道や自転車レーンを進み、最大で70kgの荷物を届けることができるとされています。

　日本では、2018年のCESで、トヨタ自動車が完全自動運転の「e-Palette」構想を発表し、注目を集めています。また、日本政府は、東京オリンピックが開催される2020年までに、限定領域での無人自動運転による移動サービスの実現を目指し、サービスカーに関しては、無人走行を実現するとしています。日本でも、そう遠くない未来に、完全自動運転が実現する日がくるかもしれません。

無人自動運転は、ヨーロッパと日本では取り組みが異なる

ヨーロッパで始まっている公道での無人自動運転の実証実験

▲スイスのPostBus Switzerland社は、自動運転コミュニティーバス「SmartShuttle」の公道における実証実験を2016年夏から開始。スイス南東部のシオン市で始まった公道実験では、すでに1万6千人ほどが試乗している。

日本における自動運転のロードマップ

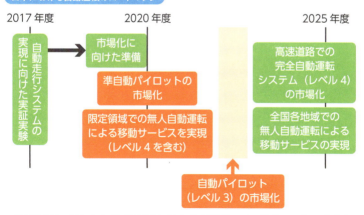

▲日本政府は、2020年までに限定領域での無人自動運転による移動サービスの実現を目指している。

037

初のレベル3搭載、
「Audi A8」のインパクト

量産車としては初のレベル3を搭載

　自動運転車の開発が進む中、各社が導入を進めるレベル2の「運転支援」より一歩先をいく、高度な技術を含む「レベル3」を世界で初めて搭載した自動運転車の量産車が発表されました。

　Audiが発表した新型セダン「Audi A8」には、自動運転でレベル3に該当する運転支援装置「AIトラフィックジャムパイロット」が搭載されています。これは、加速・操舵・制動をシステムの判断で行う機能で、ドライバーがハンドルから手を離しても作動し、車に運転を委ねることができます。ただし、システムが自動運転に対応できなくなった場合は警告音が鳴り、ドライバーが運転を交代する必要があります。また、この機能は「中央分離帯を備えた高速道路」で、「60km/h以下の速度で走行しているとき」に限って利用できます。60km/h以下に制限されているのは、コントロールを自動運転からドライバーに安全に戻すのに、10秒ほど必要なためとされています。この機能は、退屈な渋滞時に、ドライバーを運転から解放するシステムといえるかもしれません。

　頭脳にあたる「zFASシステム」には、NVIDIAのプロセッサが採用されており、高度な演算能力によって、Audi A8の自動運転を実現しています。zFASシステムは、毎秒25億回の入力処理を行い、自車が取るべき動作を決定します。Audiは、今回発表されたAudi A8を始め、これから登場する新型「A6」や「A7」に順次自動運転機能を採用していくと表明しており、培われた技術をもとに、レベル4搭載への道を歩んでいます。

渋滞からドライバーを解放する「AIトラフィックジャムパイロット」

条件付きレベル3を搭載した新型A8

▲「AIトラフィックジャムパイロット」は、中央分離帯を備えた高速道路を60km/h以下の速度で走行しているときに利用可能になる。渋滞時の退屈な運転を代わってくれるレベル3相当の自動運転システムだ。

頭脳にあたる「zFASシステム」にはNVIDIAのプロセッサを採用

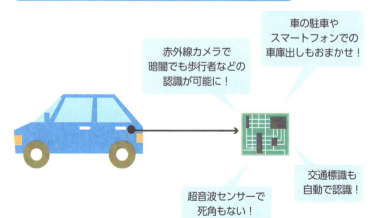

▲Audi A8の頭脳にあたる「zFASシステム」には、NVIDIAのプロセッサを採用。zFASシステムは毎秒25億回の入力処理を行い、自動車が取るべき動作を決定する。

038

国内自動車メーカーの自動運転のレベルは？

現在はレベル2相当のシステムが主流

　日本の自動車メーカー各社も、2020年頃の完全実用化を目指して開発を急いでおり、現時点では、日産自動車とスバルが優位にあるといえそうです。

　日本でいち早く自動運転機能を実装したのが日産自動車です。2016年に発売された「セレナ」は、**「プロパイロット」**と呼ばれる自動運転システムを搭載し、高速道路での渋滞走行や単純な巡航走行という部分的な自動運転を可能にしました。具体的には、設定した車速を上限に車間距離を保ち、渋滞時のアクセル、ブレーキ、ステアリング操作を自動制御するものです。現在実装されている「プロパイロット」はレベル2に相当しますが、2018年には高速道路の複数車線で、2020年には市街地の交差点での実現を目指しています。

　スバルの**「アイサイト」**のデビューは2008年と世界に先駆けたものでした。左右に2つ搭載された**「ステレオカメラ」**で、自動車だけでなく歩行者や車などを識別し、対象物との距離や形状、移動速度を正確に認識する運転支援システムです。2017年の夏に発売されたモデルには、アイサイトに加えて**「ツーリングアシスト」**が追加され、アクセル、ブレーキ、ステアリング操作を自動制御します。スバルは、2020年には、車線変更が自動で可能になる高速道路上での自動運転システムを投入予定であることも発表しています。

　トヨタ自動車は、移動や物流、物販など、多目的に活用できるモビリティサービス専用の次世代EV**「e-Palette Concept」**を発表し、レベル5の時代を見据えた新しいサービスの形を探っています。

将来的な完全自動運転に向け技術開発が進む

スバルの「アイサイト・ツーリングアシスト」

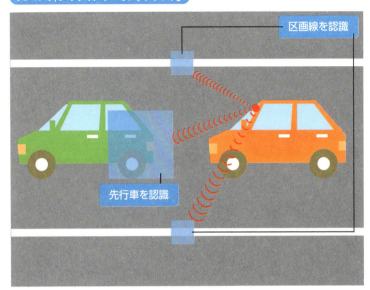

▲スバルは、2017年夏に発売されたモデルから、同社の運転支援システム「アイサイト」に「ツーリングアシスト」を追加。アクセル、ブレーキ、ステアリング操作を自動制御する新機能の追加で、レベル2相当の運転支援システムになる。

トヨタの「e-Palette Concept」

▲トヨタが発表した次世代EVのコンセプト。箱型デザインで広大な室内空間になっているのが特徴だ。移動や物流、物販などの新しいモビリティサービスを実現しようとしている。

039

トヨタの自動運転車プロトタイプ「Platform 3.0」とは?

高性能センサーを搭載し外観にもこだわったプロトタイプ

　人工知能などの研究開発を行うToyota Research Institute, Inc. は、新型自動運転実験車「Platform 3.0」を発表しました。

　Platform 3.0の中でも注目なのが、**自動運転の「眼」にあたるセンサー**です。ここにはLuminar Technologies（以下LT社）製のLiDARを搭載しています。LT社は、22歳の創業者、オースティン・ラッセルが率いるスタートアップ企業で、2012年からLiDARシステムを開発しています。一般的なLiDARの測定距離は35メートル程度であるのに対し、LT社製のLiDARは200メートルと大幅に上回る性能を持っています。また、タイヤなどの**光の反射率の低いオブジェクトも探知が可能**で、解像度も他社製品と比較すると格段に高いのも特徴です。Platform 3.0は、この高性能なLiDARを4つ搭載し、車両の360度・全周囲200メートルをセンシングします。非常に見にくい物体を含め、**車両の周囲の物体を正確に検知することが可能**です。子どもや枝のような、低くて小さい対象物の検知が可能な短距離LiDARも、車両の下部に配置されています。これ以外にも多数のセンサーが搭載されており、現存する各メーカーの自動運転車両の中で、もっとも認識能力の高い実験車とされています。

　Platform 3.0は、美しい外観を目指しているのも特徴で、カメラやLiDARのセンサー群をルーフにまとめ、外からは見えないようにしています。さらに、ボルト留めの装置を見えないようにし、これまで自動運転実験車に付き物だった回転型のLiDARも、カバー内に収納可能な部品に置き換えています。

「Platform 3.0」の特徴は大きく2つある

トヨタが発表した自動運転実験車「Platform 3.0」

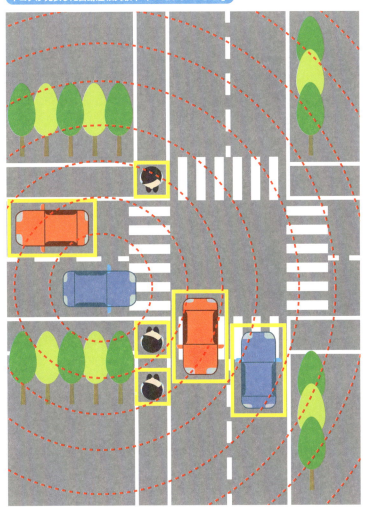

▲Luminar Technologies製のLiDARは、高性能なLiDARを4つ搭載し、車両の360度・全周囲200メートルをセンシング可能なうえ、測定距離200メートルと高度な性能を持つ。道路上のタイヤなどの光の反射率の低いオブジェクトも探知が可能で、解像度が他社製品と比較すると格段に高いのも特徴だ。

040

自動運転車が抱える「トロッコ問題」は解決可能?

完全自動運転と倫理的課題

　完全自動運転の実用化には克服すべき課題が山積していますが、その1つに「トロッコ問題」があります。

　トロッコ問題とは、20世紀の哲学者が提唱した思考実験の1つです。線路を走るトロッコが制御不能に陥った場合、そのまま走り続けると線路先の5人の作業員が犠牲になりますが、線路の分岐点で進路を変えると、1人の作業員が犠牲になります。このとき、進路を変えることが正しいか否かというものです。これを自動運転に置き換えると、人身事故が避けられない状態に陥ったとき、直進して横断歩道の歩行者5人を犠牲にするか、ハンドルを切って壁に車をぶつけ、搭乗者1人を犠牲にするかの判断を、どのようにAIにプログラムしておくべきか、ということになります。

　人が運転する車の場合、トロッコ問題を日本の現在の法律制度に当てはめると、刑法の「緊急避難（37条）」が該当します。現在の危難に対して、自己または第三者の権利や利益を守るため、やむを得ず他人やその財産に危害を加えたとき、生じた損害よりも避けようとした損害の方が大きい場合には処罰しないという制度です。前述のケースの場合、「避けようとした損害」はドライバーの死亡で、「生じた損害」は歩行者の死亡になります。社会通念上、5人の命のほうが大事だと考える傾向があるため、「避けようとした損害」のほうが小さくなり、「緊急避難」は成立しないのです。

　AIによる自律的な判断を行う自動運転車のシステム自体の責任についての議論は、将来的な課題とされています。

まだ議論が発展途上なトロッコ問題

トロッコ問題とは?

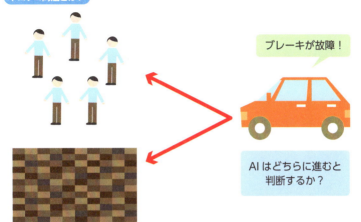

▲人身事故が避けられない状態に陥った場合、直進して横断歩道の歩行者5人を犠牲にするか、ハンドルを切って壁に車をぶつけ、搭乗者1人を犠牲にするか、どちらを選択すべきだろうか。

はたしてAIに判断は可能か?

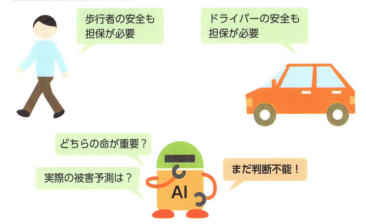

▲AIでは被害予測を正確に行うことは難しく、仮にできても現在の法制度に当てはめるとドライバーを危険にさらす可能性がある。AIによる自動運転システム自体の責任についての議論は将来的な課題とされている。

041

国内で本当に完全自動運転が可能になるのはいつ？

商用化は現行法を整備し直す必要がある

　人が運転に関与しない完全自動運転は、地方で進む不採算化などによる交通サービスの低下、急増している高齢者の自動車事故などの社会問題の解決に大きく寄与するであろうといわれています。

　日本政府が策定した成長戦略では、AIを取り入れた自動運転を最先端技術の柱に据えており、**2020年までに限定地域における無人移動サービスの実用化、2025年をめどに高速道路で完全自動走行（レベル4）の実用化目標**を掲げています。この目標を達成するためには、公道での実証実験が必要ですが、この実験を行うにあたって最大の問題となったのが、「車内に運転手がいること」を前提としている現行の道路交通法との整合性をどう取るかという点です。有識者会議では、遠隔操作する「操作者」を道路交通法の運転手と位置づけることとしていますが、運転手に課せられた**「救護義務」**をどうするかという問題については未解決です。

　レベル5の完全自動運転ではドライバーが不要になりますが、現行法では対応できないため、抜本的な法改正が必要になります。また、事故が起きた場合の責任の所在についても明確なルールが定まっておらず、実際に運転していない搭乗者に責任がおよぶ可能性もあります。損害保険の適用についても、保険料を誰が支払うのか（メーカーにも一部負担を求めるのかなど）という問題が生じます。

　倫理的な面も含めて、世界で統一されるべき課題は多く残っています。自動運転の真の実用化に向けては、これからも多くの議論が必要になってくるでしょう。

実用化には法整備などの見直しが必要

現行法では整合性の問題が未解決

▲公道での実証実験では、「車内に運転手がいること」を前提としている現行の道路交通法との整合性が問題になった。有識者会議では、遠隔操作する「操作者」を道路交通法の運転手と位置づけることで落としどころをつけたが、運転手に課せられた「救護義務」をどうするかという問題は未解決だ。

完全自動運転には法整備が必要

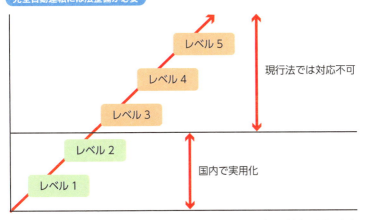

▲レベル5の完全自動運転ではドライバーが不要になるが、現行法では対応できないため、抜本的な法改正が必要だ。また、事故が起きた場合の責任の所在についても明確なルールが定まっておらず、議論を待つ必要がある。

Column

自動運転車が起こした事故によって、未来はどう変わる?

　商用利用に向けて進む自動運転車の公道走行試験ですが、痛ましい事故も発生しています。

　2018年3月19日、アメリカのアリゾナ州で実験走行中のUberの自動運転車が歩行者に衝突し、歩行者を死亡させる事故が発生しました。そのわずか4日後の23日には、テスラ社の「モデルX」が、自動運転モードを使用中に車ごと中央分離帯に衝突し、自動車は炎上、ドライバーが死亡するという事故が起きています。

　Uberの事故の場合、事故発生時間が22時頃の暗い時間帯だったため、自動運転車に搭載された赤外線センサーによって、周りの環境を検知できるはずでした。しかし、歩行者を検知できず、減速しないまま衝突してしまったのです。事故原因については、システムが正常に動作しなかったか、またはシステム自体に欠陥があったと考えられています。一方テスラの場合は、ドライバーが前の車に追従するクルーズコントロール機能を設定して走行していました。事故直前は、数回にわたってハンドル操作の警告が出ていたにもかかわらず、ドライバーが半自動運転に任せ切っていたため、事故原因は「ヒューマンエラー」の可能性が高いと考えられています。

　いずれの事故も、自動運転車が走行試験中に起こした事故として大きな注目を集めましたが、自動運転車の技術的な問題や責任の所在、法整備など、多くの課題が露わになりました。自動運転車は社会を一変させ得るものとなるかもしれませんが、実現するためには、より一層の具体的な対策や議論が求められていくでしょう。

Chapter 3

すべてをつなぐ!
コネクテッドカー最前線

042

つながるクルマ
コネクテッドカーってなに?

インターネット通信技術を搭載した「IoT」の自動車版

EVや自動運転など、自動車に関する新しい技術が大きな話題になってきていますが、これらの技術よりも先に広がっていくといわれているのが、インターネット通信技術を搭載した**「コネクテッドカー」**です。近年、「IoT」という言葉をよく耳にしますが、これは**「モノのインターネット化」**のことで、あらゆる機器をインターネットに接続して活用する技術です。コネクテッドカーは、いわば自動車版IoT、インターネットにつながることで、**自動車は人を目的地まで運ぶ以上の価値を提供**できるようになります。

コネクテッドカーは、周囲の交通状況や走行速度、ブレーキの頻度といった自動車の運転状況、走行距離などといったさまざまな「運転・交通に関するデータ」をクラウド上にあるデータベースに送信し、ビッグデータ化します。このデータをもとに分析されたデータをフィードバックし、**運転支援や危険な状況の察知、防止に活用**します。また、走行状況のデータから自動車の状態を診断したり、保険などのサービスへ活用したりと、多くのサービスが利用できるようになります。

コネクテッドカーはインターネットに常時接続されるという特性上、**ハッキングといったセキュリティ面での課題**があります。しかし、コネクテッドカーでやり取りする情報を適切に活用すれば、交通事故減少などの改善につながったり、より快適にドライブを楽しめるようになったりするでしょう。すでに一部の車種ではコネクテッドカーの技術が搭載され始めており、自動車とITの融合は進んでいくと思われます。

インターネットにつながることでより自動車の活用度が増す

> インターネットにつながるコネクテッドカー

▲コネクテッドカーは、さまざまな「運転・交通に関するデータ」をクラウド上にあるデータベースに送信してビッグデータ化する。このデータをもとに分析されたデータをフィードバックし、運転支援や危険な状況の察知、防止に活用する。

> クリアすべき課題も少なくない

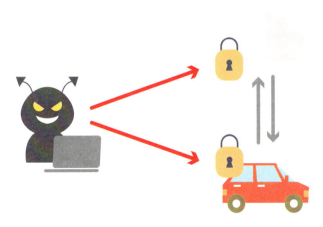

▲インターネットにつながっている特性上、ハッキングといったセキュリティに対する問題や、技術の進歩に合わせた法整備など、ほかの自動車技術同様に壁は少なくない。

043

コネクテッドカーで
どんなことが実現できるの?

すでに実現されつつあるさまざまなサービス

　コネクテッドカーでは、さまざまな運転支援やサービスを受けられますが、もっとも期待されているのが**「緊急通報システム」**です。これは、エアバッグの作動のほか、車両に搭載されているセンサーが事故を検知すると、自動で警察や消防に通報するものです。カーナビなどで使われているGPSと連動しているため、警察や救急車などの緊急車両が、迅速に事故現場に向かうことが可能になります。ロシアでは2017年1月から、ロシア国内で販売されるすべての新型車に、同システムを搭載することが義務付けられています。

　スマートフォンで端末の位置を探す機能がありますが、これに似た機能に**「盗難車両追跡システム」**があります。車両に搭載されたセンサーが、ドアのこじ開けなどの異常を検知した際に所有者へ知らせてくれる機能で、万が一その車両が盗難された場合、位置情報を自動で警備会社に送信してくれます。この機能は、トヨタの**「T-Connect」**などですでに実装されています。

　そのほかにも、車両の故障などのトラブルが起きたときに、オンラインで車の状況を点検する**「オンライン故障診断」**があります。トラブルが発生した場所を特定する機能で、近くにある修理センターの案内も行ってくれます。また、車の走行データを解析して保険料を算定する**「テレマティクス保険」**もあります。テスラでは、すでに提携保険会社を通じ、オーストラリアと香港でテスラ車専用自動車保険を発売しており、今後は自動車メーカーが保険事業にも関わっていくかもしれません。

コネクテッドカーで実用化されているサービス

位置情報などで事故を通報する「緊急通報システム」

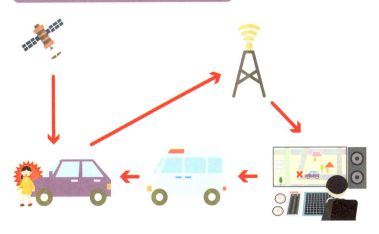

▲「緊急通報システム」は、エアバッグの作動のほか、車両に搭載されているセンサー情報が事故を検知するものだ。GPSと連動しているため、車の位置情報を特定し、警察や救急車などが迅速に事故現場に向かうことが可能になる。

走行データから保険料を算定する「テレマティクス保険」

▲車の走行データを解析して保険料を算定するのが「テレマティクス保険」。データを分析し、安全な走行をしていれば保険料が安くなるしくみだ。テスラでは提携保険会社を通じ、オーストラリアと香港で、テスラ車専用自動車保険を発売している。

044

接続方法は2つ
コネクテッドカーのしくみ

車載情報端末やスマートフォンを使って実現

　今後販売されるコネクテッドカーは、大きく2つに分けることができます。1つは**「エンベッディド型」**と呼ばれ、カーナビなどの車載情報端末に通信モジュールを組み込む方法です。もう1つは**「テザリング型」**と呼ばれ、車載情報端末をBluetoothなどでスマートフォンに接続し、これを経由してネットワークへ接続する方法です。どちらの方法も、**パワートレインや駆動系システムから多種多様な情報を直接得られる**のが大きなメリットですが、アプリによって取得できるデータの質や量が変わってきたり、自動車メーカー間で互換性がなかったりするデメリットがあります。

　従来の自動車もコネクテッドカーにする技術が考えられています。これは、車載情報端末を使わず、スマートフォンやタブレットで走行データを収集し、クラウドに送信する方法です。この方法であれば、通信機能を持たない既存の自動車も低コストでコネクテッドカーにすることができます。ただし、パワートレインや駆動系システムからは情報を得られないため、スマートフォンに搭載されたセンサーで現在地や進行方向、加減速などのデータを取得します。なお、車両診断に使われるOBDⅡポートなどに接続できる場合は、自動車の詳細情報やドライブレコーダーなどの後付型の車載機との連動が可能になり、より詳細なデータを取得することができます。この方法のメリットは、**自動車メーカーのプラットフォームに依存しない**ことです。つまり、自動車メーカーを問わず、多くの自動車でサービスが利用できるようになります。

コネクテッドカーはこうやってネットに接続する

今後販売されるコネクテッドカーに搭載されるしくみ

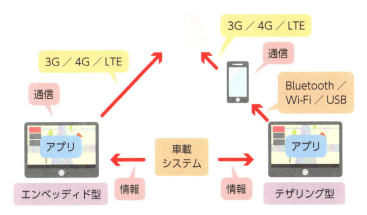

▲今後販売されるコネクテッドカーは、カーナビなどの車載情報端末にアプリを組み込んで情報を収集し、通信機能で送信する。この通信機能は「エンベッディド型」と「テザリング型」の2つに分けられる。

既存の自動車をコネクテッドカーにするしくみ

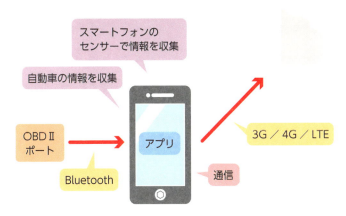

▲スマートフォンやタブレットで走行データを収集し、クラウドに接続する方法。この方法の場合、自動車メーカーのプラットフォームには依存しないため、自動車メーカーを問わず、多くの自動車でサービスが利用できるようになる。

045

あらゆるモノとつながる
コネクテッドカーと「V2X」

次世代自動車のカギになる「V2X」

コネクテッドカーの実現には、高度な通信技術が必要です。通信技術にはさまざまな種類がありますが、それらを総称して**「V2X」**と呼びます。V2Xとは、「Vehicle-to-X」のことで、「X」には車と通信する対象が入ります。「V2V」ならば「Vehicle-to-Vehicle」となり、車どうしでの通信を意味します。V2Vを搭載した先行車との通信によって、**先行車の加速・減速情報をリアルタイムに取得し、車間距離や速度の変化に対応**します。また、緊急走行中の緊急車両が近づくと、警報を鳴らしながらおおよその方向、距離、進行方向をナビなどに表示させることができます。このように、V2Vがあれば自車のセンサーだけでは得られない情報を得ることができます。

「V2I」ならば「Vehicle-to-roadside-Infrastructure」となり、路車間での通信を意味します。これは、道路に設置された対応機器と通信し、自車のセンサーだけではわからない情報を入手するものです。たとえば、信号の待ち時間を表示したり、対向車や歩行者を見落としているときに警告を発したりします。

そのほかにも、LTEなどに接続するための「V2N（Vehicle-to-cellular-Network）」、スマートフォンを持った歩行者や車と通信する「V2P（Vehicle-to-Pedestrian）」といった車載通信技術があります。これらが実現すると、「V2X」は**「Vehicle-to-Everything」**を意味するものになります。V2Xはハードウェア、ソフトウェアの両面で開発競争が始まっており、多くのビジネスチャンスを生み出しています。

複数の通信技術の総称である「V2X」

代表的なV2X

V2V

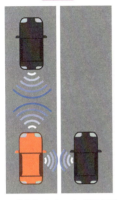

V2I

▲V2Xは、車と何かをつなぐ通信技術のことだ。通信には、DSRC（5.8GHz帯）や700MHz帯域の電波が使われる。

そのほかのV2X

V2V (Vehicle-to-Vehicle)	V2N (Vehicle-to-cellular-Network)
車車間通信	車ネットワーク間通信

V2X

V2I (Vehicle-to-roadside-Infrastructure)	V2P (Vehicle-to-Pedestrian)
路車間通信	車歩行者間通信

▲ 「V2V」や「V2I」以外にも、LTEなどに接続するための「V2N」や、スマートフォンを持った歩行者や車と通信する「V2P」といった車載通信技術がある。これらが揃うと、「V2X」は「Vehicle-to-Everything」の意味になる。

3 すべてをつなぐ！ コネクテッドカー最前線

60分でわかる！ EV革命&自動運転 最前線　　**101**

046
コネクテッドカーの車載情報システムを支える「OS」

熾烈な競争をくり広げる「AGL」と「QNX」

　自動車はダッシュボードなどに多くの情報が表示され、コネクテッドカーではさまざまな通信を行いますが、このような表示や通信などを制御するのが**OS（オペレーティングシステム）**です。

　日本の自動車メーカーを主導に開発が進められている**「AGL（Automotive Grade Linux）」**は、Linuxベースのオープンソースプロジェクトの1つで、自動車メーカーとサプライヤーなど、100社を超える企業が参加しています。AGLは規格をオープン化し、ソフトウェアを標準・共通化することで、自動車の製造期間を短縮してコストを削減しています。また、基本技術が標準化されているため、短期間で最新機能を活用できるようになります。

　車載情報システム向けのOSで圧倒的シェアを占めているのが、ブラックベリー社の**「QNX」**です。自動車向けの組み込みシステムとして20年以上の開発実績を誇る同OSは、世界で1億1千万台ほどの自動車に採用されています。QNXは、高いセキュリティを実現しているのが特徴で、常時接続されるコネクテッドカーへの**サイバー攻撃などに対応するために、ソフトウェアとしては珍しい「ISO26262」を取得**しました。アメリカ国立標準技術研究所の資料によれば、2016年に見つかった脆弱性の数が、AGLは240件以上だったのに対し、QNXは1件だけという結果が出ています。このように、QNXは高いセキュリティを武器にシェアの拡大を目指しています。

コネクテッドカー向けの2つのOS

自動車向けOSとは

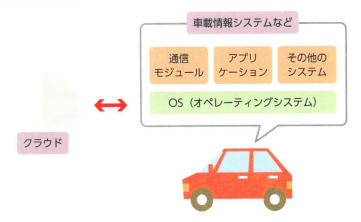

▲自動車はダッシュボードなどに多くの情報を表示し、コネクテッドカーではさまざまな通信を行う。これらを制御するのがOS（オペレーティングシステム）だ。

「AGL」と「QNX」

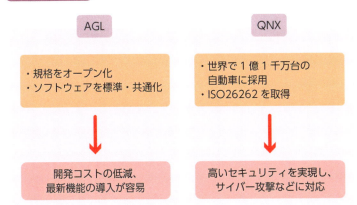

▲日本の自動車メーカーが主導して開発を進めている「AGL」は、規格がオープン化されており、開発コストの低減、最新機能の導入が容易になっている。車載情報システム向けOSで最大のシェアを誇る「QNX」は、「ISO26262」を取得するなど、高いセキュリティが特徴だ。

047

多彩なサービスを提供するための「アプリケーション」

テレマティクスを最新技術に発展させたコネクテッドカー

2010年代初頭頃から、各自動車メーカーはユーザーの利便性を上げるために、カーナビなどの車載機器の開発に取り組みました。この自動車などに通信機能を付加し、リアルタイムに情報やサービスを提供するのが**「テレマティクス」**です。現状では、情報配信やメール送受信などの個別的な利用が中心ですが、ビッグデータやAI、ダイナミックマップなどの最新の技術の活用によって、新たな市場を着実に創造しつつあります。

テレマティクス自体は、トヨタ自動車の**「G-BOOK」**や**「T-Connect」**、日産自動車の**「カーウイングス」**、ホンダの**「インターナビ」**などですでに実用化されています。T-Connectでは、カーナビの地図の自動更新はもちろん、音声入力やオペレーターサービス、メンテナンスサービスなどのさまざまなサービスに対応しています。アメリカでは、**スマートフォンのように音楽やゲームなどをダウンロードしてプレイできる娯楽性の高いテレマティクスが充実**しています。

テレマティクスは、もともと自動車メーカーが主体となって開発しているサービスです。自動車メーカーが提供するテレマティクスは、自動車メーカーを頂点として、各サプライヤーが協力するという体制になっていますが、そのメーカーでしか利用できないというデメリットがあります。これに対し、GoogleやAppleは、**自動車メーカーに依存しない車載用OSの開発**を始めています。メーカに依存しないサービスは間口が広く、今後の発展が期待されるでしょう。

コネクテッドカーの礎となったテレマティクス

進化するテレマティクス

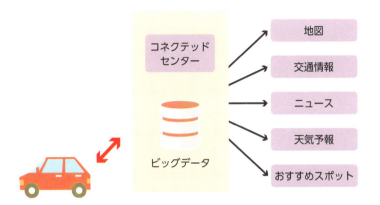

▲テレマティクスは、情報配信やメール送受信などといった個別的な利用から、ビッグデータやAI、ダイナミックマップなどの活用により、さらに多くのサービスが提供可能になる。

自動車メーカー VS IT企業

	メリット	デメリット
自動車メーカー	・長年の開発により充実したサービス ・自動車とサービスを一体で開発しているので、提供サービスがきめ細かい	・その自動車メーカーでしか利用できない
IT企業	・自動車メーカーを問わないので間口が広い	・現状では提供サービスが貧弱

▲テレマティクスはもともと自動車メーカーが主体となって開発しているサービスだ。これに対し、GoogleやAppleは、自動車メーカーに依存しない車載用OSの開発をスタートさせており、今後は両者が相互に進化しながら開発競争を続けていくだろう。

048

車載ネットワーク「CAN」と インターネット

自動車内のLANともいえる車載ネットワーク「CAN」

　スマートフォンなど多くの情報端末が普及した今、自動車がインターネットに接続されるのは、技術的にそれほど難しくないと感じる人もいるでしょう。しかし、現在の自動車に使われている車載ネットワークシステムは、IoT化の障害になっているのです。

　現在販売されている自動車に搭載されている電子システムは、**「CAN（Controller Area Network）」**と呼ばれる車載用通信ネットワークによって相互に接続されています。CANは、1989年にボッシュ社によって開発されたシリアル通信プロトコルで、125K〜最大1Mbps程度で通信が可能です。また、**ノイズに強く、信頼性や故障検出機能に優れている**ので、自動車内の通信だけでなく、工場のオートメーション機器の制御にも使われています。

　CANがインターネットに接続しにくい理由は、**「閉じた規格」**であるためです。CANは自動車内の多くの情報を共有しますが、その中には自動車メーカーが開発したさまざまな技術も含まれます。そのため、CANの情報が外部のネットワークに接続できると、メーカー独自の技術も流出する恐れが発生します。このように、CANは**極端にアクセスが制限されたネットワークのため、コネクテッドカーでは外部のネットワークと接続が容易な「Ethernet」の導入が提唱**されています。Ethernetであれば、従来の車載機器に加え、スマートフォンなどのさまざまな機器との連携が容易になります。オープンな規格のため、セキュリティの問題はありますが、このような問題を解決できれば、移行の流れが強まるでしょう。

外部のネットワークに接続しにくい「CAN」

自動車のLANともいう位置付けの「CAN」

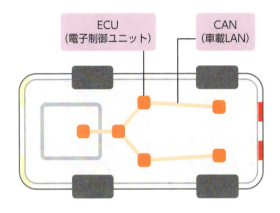

▲CANは、1989年にボッシュ社により開発された車載ネットワークシステムで、自動車に搭載された電子システムを相互に接続している。ノイズに強く、信頼性や故障検出機能に優れた特徴がある。

「閉じた規格」のCAN

▲CANは、自動車内で共有される情報を流出させないために、外部との通信が極端に制限されている。そのため、インターネットへの接続がしにくい。一方Ethernetは、オープンな規格なので外部との接続がしやすいが、セキュリティなどの問題が発生する。

049

コネクテッドカーによって
自動運転はどう変わるのか

自動運転の進化を助けるコネクテッドカー

　自動車メーカーやIT企業は、多額の投資をしてコネクテッドカーの開発を続けています。各社がコネクテッドカーに積極的な理由は、**コネクテッドカーで培った技術が、自動運転車の技術向上に結び付く**からです。完全自動運転車を実現するには、AIを使った自動運転のためのソフトウェア、ディープラーニング向けの車載コンピューター、周辺を認識するための車載センサー、センサーデータから周辺物の形状や距離などを測定する情報処理ソフト、高精細なダイナミックマップなど、数多くの技術が欠かせません。

　コネクテッドカーは、**走行中にあらゆる情報を蓄積し、クラウドに送信**します。情報が蓄積されればされるほど、AIやソフトウェアの進化のスピードを早め、各種技術が改善されていきます。一方、自動運転車が周辺車両の情報を得るためには、車に搭載されたセンサーで感知しますが、見通しの悪い交差点などでは視界にない走行車両を感知することはできません。しかし、**車車間通信（V2V）**を使えば、車どうしが通信することで状況を先読みすることができます。また、高速道路で本線に合流する場合、本線との間にあるコンクリートウォールやポールなどは、センサーだけでは正確に把握できないことがありますが、**路車間通信（V2I）**を使うことで、正しい位置を把握でき、安全に合流することが可能になります。

　このように、コネクテッドカーによってクラウドからの情報とともに、V2Xによるリアルタイムの情報を得ることで、自動運転がより進化していくのです。

コネクテッドカーの情報が自動運転を進化させる

情報によって進化する自動運転

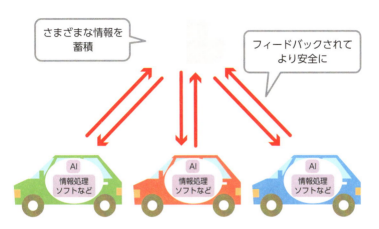

▲完全自動運転車を実現するには、数多くの技術の進化が必要だ。コネクテッドカーが送信するあらゆる情報は蓄積され、この情報をもとにAIやソフトウェアの進化のスピードが早まる。

自動運転の安全性を高める情報

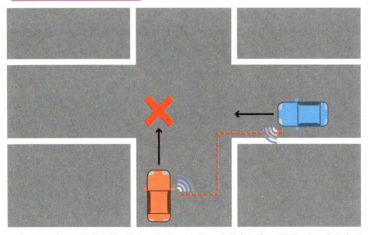

▲車が周辺車両の情報を得る場合、見通しがよくない交差点などでは視界にない走行車両を感知できない。しかし、車車間通信(V2V)であれば、車どうしが通信することで、道路状況を先読みできる。

050

Google「Android Auto」で スマホ連携

Googleが提供するテレマティクス

日本人にとって、生活に欠かせないアイテムとなったスマートフォンは、電話やメール、メッセージといった、旧来の携帯電話で利用できるサービスだけでなく、地図や音楽、動画といった幅広い分野のサービスも利用できるようになり、個人の生活にもっとも密着した機器といえます。このスマートフォンで利用できる各種サービスを、自動車の運転中でも利用できるようにしたのが「Android Auto」です。

Android Autoは、スマートフォンと自動車のカーナビを連携して利用するためのテレマティクスアプリで、Android Autoをカーナビと接続すると、Google Mapを使ったナビ、電話、Google Play Musicを始めとした音楽配信サービスなどの各種サービスを、搭載ナビや音声操作で利用できます。このアプリに対応した自動車やナビは400以上のモデルがあるうえ、アプリ単体でも利用ができるので、対応機器が自動車に搭載されていなくても利用可能です。

Googleのコネクテッドカーは、Android OSをベースにして開発されていますが、Android Autoはコネクテッドカーの一部として組み込まれています。Androidベースの車載システムを採用する自動車メーカーも出てきており、2017年にはフィアット・クライスラー・オートモービルズが、Android OSを搭載した次世代車の開発を発表しました。その前年2016年末には日本でも、ホンダ（本田技術研究所）が共同研究に向けた検討を発表しています。

運転をより便利にする「Android Auto」

多くの自動車で利用できる「Android Auto」

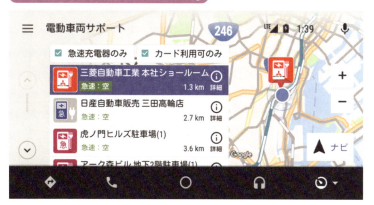

▲スマートフォン向けのアプリとして提供されている「Android Auto」。アプリをカーナビと接続すると、アプリが提供するサービスが搭載ナビや音声操作で利用できるようになる。対応した自動車やナビは400以上のモデルがあり、多くの自動車で利用可能だ。

多くのサービスが利用可能

マップ
音声ガイドによるナビ、リアルタイムの交通情報など、目的地にたどり着くまで案内してくれる

電話
ハンドルを持ったままでも、電話をかけたりメッセージを送ったりできる

Google Play Music
3,000万曲の音楽にオンデマンドでアクセスでき、運転中でもエンドレスにストリーミング再生できる

▲利用できるサービスには、Google Mapを使ったナビ、電話、Google Play Musicを始めとした音楽配信サービスなどがある。また、アプリを追加できるので、好みのアプリをインストールすれば機能を拡張できる。

051
「Apple CarPlay」は
ドライブを変えるか

Appleが提供するテレマティクス

iPhoneやMacなど、数多くの製品を発表しているAppleは、2012年に**「Apple CarPlay」**を発表しました。コネクテッドカーの分野にも参入し、ユーザーへ新しいサービスの提供を始めています。

CarPlayは、GoogleのAndroid Autoと同様に、カーナビなどの車載機器にiPhoneを接続してさまざまなサービスが利用できるものです。iPhoneを接続すると、iPhoneの一部のアプリを、**車載ディスプレイからタッチと音声で操作**できるようなります。主に利用できる機能は、マップを使ったナビゲーション、Apple Musicなどの音楽配信サービスの利用、PodcastやiBooksでの読み上げなどがあります。もちろん、電話やメッセージアプリも、音声での操作が可能です。とくにメッセージアプリは、内容を画面に表示させず、音声だけでコミュニケーションすることができます。

CarPlayは、自動車メーカーが提供するテレマティクスとは異なり、利用できる車種を問いません。つまり、サードパーティ製の車載機器であっても、**CarPlayに対応していれば利用可能**です。たとえば中古車を購入し、新たに純正ではないナビを搭載したとしても、そのナビがCarPlayに対応していれば、利用することができます。CarPlayを車載システムとして搭載する動きも出てきており、現在では約300以上の車種が対応しています。これまで自社のテレマティクスにこだわってきたトヨタも、2019年から北米向けのアバロンがCarPlayに対応することを発表するなどしており、今後はCarPlayが利用できるモデルも徐々に増やしていくようになるでしょう。

すべての操作が音声で利用できる「CarPlay」

USB接続ですぐに利用できる「CarPlay」

▲「CarPlay」は、カーナビなどの車載機器とiPhoneをUSBケーブルで接続すれば利用できる。iPhone側にはとくにアプリをインストールする必要はなく、車載機器が対応していればすぐに利用が可能だ。

iPhoneを接続するだけで多くのサービスが利用可能

アプリ名	概　要
WhatsApp Messenger	いつでもどこでも、家族や友人にメッセージを送ったり、電話をかけたりすることができる
Spotify	定額音楽配信ストリーミングサービス。4,000万曲を超える楽曲が収録されており、オフラインでも楽しむことができる
Stitcher Radio	ニュースやスポーツ、エンターテインメントなどのコンテンツを無料でストリーム再生できる
Audible	人気の小説やビジネス書など、20以上のジャンルのオーディオブックが好きなだけ聴けるアマゾンのサービス。オフラインでも楽しめる

▲CarPlayに対応したさまざまなアプリをiPhoneにインストールしておけば、iPhoneを接続するだけで多くのサービスを利用できるようになる。車側へのアプリのインストールは不要だ。

052

音声で車をリモート操作 Amazon 「Alexa」を各社が採用へ

続々と採用が決まる音声アシスタントのAlexa

現在、IT企業が多くの投資を行って開発を進めているのが音声認識AI技術です。代表的なものに、Appleの「Siri」、Googleの「Googleアシスタント」などがありますが、この技術を牽引しているのが、Amazonの**「Alexa（アレクサ）」**です。

Alexaは、クラウドベースのAIアシスタントサービスで、「Amazon.com」が提供しています。Alexaの強みは、「Alexa Skill」（通称：スキル）を使えば、かんたんにサービスの提供が可能になることです。スキルとは、音声によるコマンドをクラウド上で実行できるプログラムのことで、サードパーティは開発したスキルを提供することによって、**Alexaを介して音声で自社製品の操作が可能**になります。スキルの開発キットは無償で提供されているため、サードパーティの参入も容易です。

日産自動車は、アメリカで販売する11車種をAlexaで操作できるようにすると発表しており、これまでスマートフォンなどで操作していた**「NissanConnect」**を音声で操作できるようになります。また、ドイツBMWグループは、2018年中期以降にアメリカ、イギリス、ドイツで発売するBMWとMINIの全モデルをAlexaに対応させると発表しています。同社が提供する**「BMW Connected Skill」**では、車両の燃料残量の確認、遠隔操作でのドアロックやエアコンの操作などがAlexa経由でできますが、今後はインフォテインメントシステムを音声で操作したり、自宅で使っているAlexaの機能を車内で利用したりすることが可能になるとされています。

サードパーティの参入が容易なAlexa

サードパーティが参入しやすいAlexa

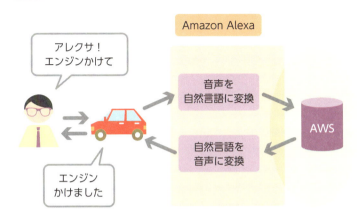

▲「Alexa Skill」とは、音声によるコマンドをクラウド上で実行できるプログラムのことで、Amazonが提供するさまざまなサービスを利用できる。サードパーティはスキルを開発して提供することによって、Alexaを介して音声で自社製品の操作が可能になる。

続々と採用されるAlexa

日産自動車	北米で販売する「アルティマ」「マキシマ」「ムラーノ」「パスファインダー」「ローグ」「ローグスポーツ」「セントラ」「タイタン」「タイタンXD」「GT-R」「アルマダ」
BMWグループ	2018年中期以降にアメリカ、イギリス、ドイツで販売するBMWとMINIの全モデル
トヨタ自動車	2018年中に販売する「Lexus」の一部車種

▲北米向けに販売を予定するモデルでは、続々とAlexaの採用が始まっている。残念ながら日本ではまだ予定されていないが、現在よりも音声認識技術が向上すれば、日本でも採用される車種が増えるだろう。

053

ダッシュボード革命
運転席が変わるデジタルコックピット

運転席での操作全般をデジタル化する「デジタルコックピット」

　車の電子化技術が進歩する中、次世代システムとして関連メーカーが開発にしのぎを削っているのが**「デジタルコックピット」**です。

　デジタルコックピットは、運転席での操作全般をデジタル化するもので、ダッシュボードの情報をマルチディスプレイとして液晶画面に表示します。ドライバーは運転席周辺に配置されたパネルで操作できるので、**目線の移動が少なく、車の操作向上を図れる**のが大きなメリットです。また、察知した情報を音声やメッセージで通知してくれるため、緊急時の対応もスムーズになります。さらに、先進運転支援システム（ADAS）の制御を組み込むことで、車の安全性に対しても統合的に支援してくれます。

　デジタルコックピットは、カーナビや音楽、各種情報などを表示する**「センターディスプレイ」**、インストルメントパネルをデジタル表示する**「クラスターディスプレイ」**、速度などの情報をフロントガラス上に表示する**「ヘッドアップディスプレイ」**などで構成されています。また、カメラとディスプレイで周囲の状況を把握できる**「電子ミラー」**も採用され始めています。

　メルセデスベンツは、ジュネーブモーターショー2018で発表した新型メルセデスAMG「G63」に、デジタルコックピットを採用すると発表しました。ドライバーの正面とダッシュボードの最上部に、12.3インチの大型ディスプレイをレイアウトしています。次世代の自動車技術として各方面から注目を集めているデジタルコックピットは、今後多くの自動車で採用されていくと期待されています。

安全性、利便性を高めるデジタルコックピット

デジタルコックピットとは

速度などの情報を
フロントガラス
上に表示

カーナビや音楽、
各種情報などを
デジタル表示

▲デジタルコックピットとは、運転席での操作全般をデジタル化するものだ。ダッシュボードの情報をマルチディスプレイとして液晶画面に表示することで、ドライバーの目線の移動範囲を少なくし、車の操作向上を図る。

解禁され注目を集める電子ミラー

▲現行のミラーをなくし、カメラとディスプレイで周囲の状況を把握することができる「電子ミラー」も法改正が実施され、解禁された。採用する自動車も増えてきており、注目を集めている。

054

5Gで変わる
コネクテッドカーの世界

次世代通信規格 「5G」 でどのように変わる?

　2019 ～ 20年に、次世代通信規格「5G」の商用サービスの開始が予定されています。「5G」は、10Gbpsを超える「超高速通信」、遅延を0.001秒まで抑えられる「超低遅延」、LTE比で100倍以上のデバイスを同時に接続できる「多数同時接続」、高速で移動しているときでも通信が可能な「モビリティ」といった特徴がありますが、コネクテッドカーはどのように変わっていくのでしょうか。

　まず、車載センサーの機能向上が考えられます。5Gは、自動車のコネクティビティを強化するように設計されており、センサーからの重要なデータをクラウドに効率的に伝えることで、車内での処理能力を上回る性能を発揮できるようになります。車どうしや信号機、歩行者との通信など、ネットを介してさまざまな情報が集約する「V2X」は、既存のLTEでも可能な技術ですが、高い信頼性と低遅延性を持つ5Gを使えば、車載センサー以外からもリアルタイムに必要な情報を受信し、瞬時に判断を下せるようになります。さらに、詳細な地図データなどの追加情報の受信や、ソフトウェアやハードウェアのアップデート、サイバーセキュリティの強化も、すばやく効率的に実施できるようになります。

　これ以外にも、カーナビによる最速ルート検索、天気やレジャー情報、スマートフォンと連携したTwitterやGmailのテキスト読み上げなど、ユーザーの利便性を上げるサービスの提供もより高速に行えるようになります。5Gが予定どおりにサービスを開始すれば、コネクテッドカーが快適に利用できる環境も増えていくでしょう。

5Gを活用するコネクテッドカー

次世代通信規格「5G」とは

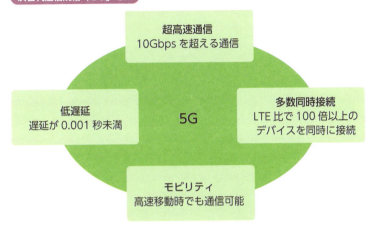

▲2019～20年に開始が予定されている「5G」は、「超高速通信」「超低遅延」「多数同時接続」「モビリティ」といった特徴がある。

5Gで進化するコネクテッドカー

▲5Gの高速通信、低遅延なネットワークを使えば、車に多くの情報を円滑に集約することが可能になり、安全性を高めるといわれている。また、自動車を情報端末と見立てて、さまざまなコンテンツを配信するサービスなども考えられている。

055

コネクテッドカーをハッキングから守るセキュリティ技術

安全性に必須なセキュリティ対策

　コネクテッドカーは、インターネットに接続してさまざまなデータを集積・分析することで運転の安全性を高められますが、インターネットに接続するという特性上、どうしても外せない問題が「**セキュリティ**」です。ほかのIoT製品とは異なり、乗り物であるコネクテッドカーが攻撃を受けると、人体におよぶリスクが非常に大きくなります。そのため、強固なセキュリティが求められます。

　パナソニックとトレンドマイクロは、コネクテッドカーや自動運転車に対するサイバー攻撃を検出し、防御するサイバーセキュリティソリューションの共同開発を進めており、2020年以降のサービス実用化を視野に入れています。両社の共同開発では、パナソニックが持つCANへの侵入検知・防御技術を、アクセルやブレーキといった自動車の走行を制御する「**ECU**」などに実装し、不正なコマンドを防御します。トレンドマイクロでは、マルウェア解析技術などのノウハウを活用したIoT機器向けセキュリティソリューション「**Trend Micro IoT Security**」をカーナビなどに実装し、インターネット経由の脆弱性を狙う攻撃パケットから防御します。

　株式会社ラックでは、自動車に搭載されたネットワークがサイバー攻撃を受けた際に、攻撃を受けたECUをピンポイントで特定できる技術を確立しました。この技術をもとに、「**スマートCANケーブル**」として製品化するとされています。ユーザーが安心してコネクテッドカーを利用できるようになるには、セキュリティ面での安全性の確保が重要なポイントとなります。

120

コネクテッドカーを守るセキュリティ技術

安全性の確保に必須なセキュリティ

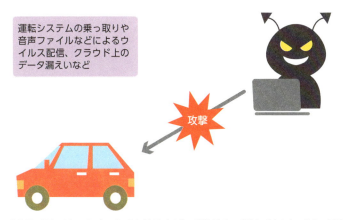

▲コネクテッドカーは、インターネットに接続するという特性上、どうしてもセキュリティ対策が重要になってくる。攻撃を受けたときのリスクはほかのIoT製品より大きいため、より強固なセキュリティが求められる。

開発が進むセキュリティ製品群

▲パナソニックとトレンドマイクロは、自動車の走行を制御するECU、カーナビなどの機器に対するインターネット経由のサイバー攻撃を検知・防御する技術を開発し、2020年以降に実用化を目指している。

056

モバイル連携／テザリング型 コネクテッドカーが急拡大

今後普及が進むとみられるコネクテッドカー

外部通信ネットワークと接続が可能なコネクテッドカーは、さまざまな機能を有しており、多くのユーザーから注目を集めています。

2015年に総務省が実施したアンケートでは、「利用したい」「利用を検討してもよい」と回答した人の割合は、52.5%にまで達しています。また、2025年には、新車のコネクテッドカーと既存車のコネクテッドカーを合わせ、6,500万台を超えると予測されています。コネクテッドカーはすでに市場に投入されており、新車販売における2017年の世界市場は2,375万台で、乗用車新車販売に占めるコネクテッドカーの比率は34.1%にまで達しています。

コネクテッドカーには、通信モジュールを標準搭載した**「エンベッディド型」**、スマートフォンなどのモバイル端末の通信機能と連携して動作する**「モバイル連携／テザリング型」**が市場のシェアの大半を占めています。エンベッディド型は主に北米と欧州で普及しており、今後は中国や日本、その他地域でも普及し、市場が拡大すると予想されています。

現在、エンベッディド型は高級車のみで、大衆車にはまだ標準搭載されていません。そのため、大衆車をコネクテッドカーとして利用するには、モバイル連携／テザリング型での導入となりますが、今後はユーザーからの需要に合わせ、大衆車にも徐々に標準搭載されるようになっていくと予想されています。コネクテッドカーは、まずは多くの車に導入が容易なモバイル連携／テザリング型で普及が進み、徐々にエンベッディド型へとシフトしていくことでしょう。

モバイル連携／テザリング型で普及が進むコネクテッドカー

普及が進むコネクテッドカー

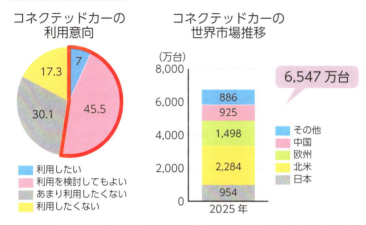

▲ユーザーの注目も高く、過半数の52.5%が「利用したい」「利用を検討してもよい」と回答している。また、2025年には6,500万台を超えると予測されており、急速に普及していることがわかる。

緩やかにエンベッディド型へとシフトする見込み

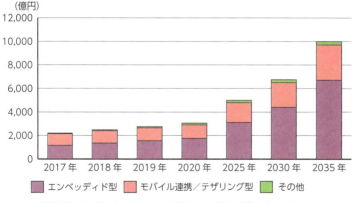

富士経済による「コネクテッドカー（乗用車）の世界市場（新車販売ベース）」

▲エンベッディド型は主に北米と欧州で普及。搭載されているのは高級車のみで、大衆車にはまだ標準搭載されていない。そのため、まずは「モバイル連携／テザリング型」で普及が進み、徐々にエンベッディド型へとシフトしていく見込み。

057

コネクテッドカーで変わる
モビリティサービス

製造業からサービス業へ転換する自動車メーカー

　コネクテッドカーは、「ライドシェア」というモビリティサービスでも注目を集めています。ライドシェアは、車の相乗りをマッチングさせるソーシャルサービスの総称で、アメリカでは2010年代に入ってから急速に成長し、新しいビジネスとなっています。

　ライドシェアの代表的なサービスとして知られる「Uber」や「Lyft」は、登録しているドライバーが自家用車を使って、同乗希望者を送迎するしくみになっています。日本では自家用車を使ったライドシェアは解禁されておらず、タクシーの配車のみとなっていますが、ライドシェアという新しいビジネスは、各自動車メーカーからも注目され、ライドシェア事業者への投資という動きも出てきています。この投資の目的には、ライドシェア事業者や契約ドライバーに、自社の車両の購入を促進するというものがあります。

　カーシェアリングの普及も見込まれています。従来のレンタカーと違って専用車載器を車に積んでおり、車の鍵を開けたり、車の状況を通知させたりといった命令を、インターネットを通じて行っています。レンタカーのように対面による鍵の受け渡しは不要で、ユーザーは予約した自動車がある駐車場に向かうだけで利用できるため、利便性が大きく向上します。また、管理する側は、自動車の利用状況などをリアルタイムに監視できるというメリットがあります。カーシェアリングの利用が活発化されれば、自動車1台単位での稼働率の向上が見込まれ、結果的に自動車の保有率の引き下げにつながり、環境負荷の低減も見込めるでしょう。

ライドシェアで変革するモビリティ

ライドシェアのしくみ

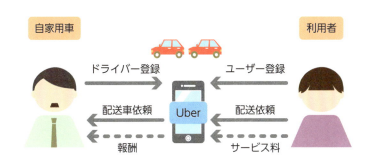

▲ライドシェアの代表的なサービスに「Uber」や「Lyft」がある。両社は、登録しているドライバーが自家用車を使って、同乗希望者を送迎するしくみでサービスを提供している。

カーシェアリングで自動車を手軽に共有

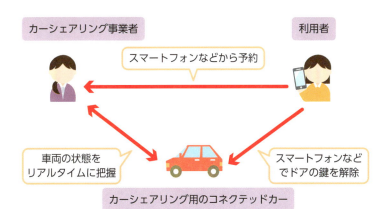

▲事前にカーシェアリング事業者に登録したうえで、スマートフォンなどから予約して、カーシェアリング用の自動車が置かれている駐車場に出向いて利用する。

Column

ソフトバンクがUberに出資、配車サービスも新時代へ

　スマートフォンを使って手軽にタクシーを配車できる「配車サービス」は、次のサービス展開に向けて競争が激しくなってきています。

　ソフトバンクグループは、配車サービス大手のUberへ12億ドルを出資し、日本での事業拡大に意欲を見せています。Uber以外にも、中国の配車サービス「DiDi（滴滴出行）」と、日本のタクシー事業者向けサービスにおいて協業を開始するとしています。DiDiの持つAI技術を活用したタクシー配車プラットフォームの構築を目指しており、2018年中をめどに東京都、大阪府、京都府、福岡県などで実証実験を開始する予定です。

　トヨタ自動車と日本交通子会社のJapanTaxiは、タクシー配車アプリ「全国タクシー」や、2018年3月まで実施された実証実験「相乗りタクシー」のアプリ開発などを手掛けています。さらに、トヨタ自動車は両社の関係強化を狙って、JapanTaxiに75億円を出資すると発表しました。両社は今後、タクシー向けのコネクテッド端末や配車支援システムの共同開発、ビッグデータ収集などの分野で協力することを検討しています。2018年2月には、ソニーが東京都内を営業圏とするタクシー会社6社と、AIを活用した配車サービスでの連携を発表しました。この連携では、ソニー子会社のソニーペイメントサービスを始めとする7社が新会社を設立し、ソニーのAI事業「AIロボティクスビジネスグループ」の開発で培ったAI技術を活かして、需要を予測し、電子決済も可能な配車アプリを提供するとしています。このように、IT企業や自動車メーカーが協業することで、新たな取り組みを加速させています。

Chapter 4

モビリティが変わる!
次世代自動車の未来予想図

058

次世代自動車で
自動車業界はこう変わる!

再編が進む自動車メーカー

　次世代自動車の開発やEV関連技術を始めとする技術革新競争が進む中、自動車業界では大きな再編のうねりが始まっています。

　2016年8月、トヨタ自動車はダイハツ工業を完全子会社化し、両社の小型車開発という役割を担うことになりました。翌年2月には、トヨタ自動車とスズキが自動運転車やコネクテッドカーの技術開発の業務提携に向けた覚書を締結しています。また、日産自動車も三菱自動車の株式を34%取得し、筆頭株主として連携を強化するなど、**国内自動車メーカーの再編**が進んでいます。

　この再編の背景には、**拡大する新興国の自動車市場を取り込もうという狙い**があります。トヨタ自動車の場合、新興国でよく売れる低価格の小型車にはあまり強くありません。しかし、軽自動車を中心に小型車を専門とするダイハツ工業を完全子会社化することで、低価格車の技術開発を強化しようとしています。日産自動車が株式を取得した三菱自動車は、東南アジア市場に強いメーカーです。燃費不正問題で信用を落としていた三菱自動車ですが、自社グループに取り込むメリットがありました。

　このように、**得意分野の異なる他社と提携することによって技術開発を効率化し、技術を革新していく狙い**なのです。EVを始めとするさまざまなタイプの自動車開発の効率化も含めて、今後あらゆる技術開発が必要になってきます。EVや自動運転技術が進むことで、自動車部品メーカーの再編も進む可能性が高いといえるでしょう。

激変する業界で進む再編の動き

再編が進む自動車メーカー

完全子会社化 — トヨタ — 提携を検討

日産 — 株式を取得

ダイハツ — スズキ — 三菱

▲2016年8月、トヨタ自動車はダイハツ工業を完全子会社化。両社の小型車開発という役割を担うことになる。また、翌年2月にはトヨタ自動車とスズキが自動運転車やコネクテッドカーの技術開発の業務提携に向けた覚書を締結。日産自動車も三菱自動車の株式を34％取得して連携を強化している。

再編の狙いとは

新興国の市場を取り込む
新興国の市場を獲得

技術開発の効率化
スズキ — 軽自動車の開発が得意
トヨタ — 豊富な研究開発費

▲再編の背景には、拡大する新興国の自動車市場を取り込もうという狙いがある。また、激化する開発競争の中、得意分野の異なる他社と提携することによって技術開発を効率化し、技術を革新していく狙いもある。

4 モビリティが変わる！ 次世代自動車の未来予想図

059

次世代自動車で
交通システムはこう変わる!

安全、便利に進化する次世代の交通システム

　日本では、1950年代に交通事故発生件数、死者数が急増しました。これを受けて、1969年に運転席でのシートベルト着用が義務化され、1987年からはエアバッグの搭載が急速に普及しました。交通事故の年間死者数はピーク時の約3分の1にまで減少しましたが、さらなる犠牲者の低減には、ADAS（先進安全運転支援システム）の搭載や、V2Xを搭載した「ぶつからないクルマ」の実現が不可欠です。これらの技術を搭載した次世代自動車であれば、運転時に事故を回避する判断を補助し、事故回避の支援につながるでしょう。

　ドライバーにとっての利便性の向上にもつながります。国土交通省が2011年から導入を始めた「ITSスポットサービス」は、道路交通情報や安全運転支援情報を音声やカーナビなどへ通知し、事前に渋滞を回避できるサービスです。現在提供されているのは、「ダイナミックルートガイダンス」「安全運転支援」「ETC」の3つのサービスですが、今後はドライバーのニーズに合わせたサービスが提供されていく予定です。また、手軽な移動手段として、スマートフォンアプリを使ったタクシーの配車サービスも始まっています。規制緩和が進めば、自家用車を使ったライドシェアサービスも広がりを見せるかもしれません。

　次世代自動車やそれを取り巻く技術が発展していくことで、ユーザーはより安全で快適に交通手段を活用できるようになるでしょう。

ユーザーにとってより安全で便利になる

次世代自動車で交通事故が低減

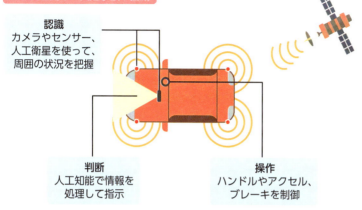

▲次世代自動車によって、ADAS（先進安全運転支援システム）の搭載や、V2Xを搭載した「ぶつからないクルマ」が実現。これらの技術を搭載した次世代自動車であれば、運転時に事故を回避する判断を補助し、事故回避の支援につながる。

通信技術を活用して渋滞を軽減

▲「ITSスポットサービス」は、道路交通情報や安全運転支援情報を音声やカーナビなどへ通知し、事前に渋滞を回避することができる。現在提供されている「ダイナミックガイダンス」「安全運転支援」「ETC」以外にも、ドライバーのニーズに合わせたサービスが提供されていく予定だ。

060

次世代自動車で
通信サービスはこう変わる!

AIアシスタントでコンシェルジュ化する自動車

次世代自動車がインターネットに常時接続されることで、自動車で利用できる通信サービスも大きく変わっていきます。その代表的なサービスが、**AI技術を活用**したものです。

スマートスピーカーやスマートフォンなどのアシスタント機能として身近になってきている**AIアシスタント**は、今後自動車にも搭載されていくでしょう。AIアシスタントは、音声情報を受け取りクラウドに送信します。クラウド側では、その音声情報を認識し、自動車側に適切な処理を返します。クラウドのAIは、こうしたやり取りをもとに学習し、アルゴリズムを改良して、より的確な処理が行えるようになっていきます。

AIアシスタントを利用すれば、**自動車の操作もかんたん**になります。たとえばカーナビの場合、現在のように目的地を手入力することなく、話しかけるだけで設定できるようになります。また、車内の温度調整なども、音声のみで操作が可能になるでしょう。

5Gのように大容量データを高速に送受信できるサービスや自動運転システムが確立されれば、映像コンテンツの視聴やテレビ会議など、自動車内がまるでオフィスやリビングのように使えるようになるかもしれません。ドライバーが意識しなくともインターネットを通じた情報のやり取りが可能になれば、**声や表情からドライバーの状況を判断**したり、自動車が危険を予測して回避したりといったことが可能になるでしょう。次世代自動車は、安全な運転を支援することにもつながっていくと考えられます。

AIでドライブがより快適、安全になる

行動を先読みしてサービスを実行

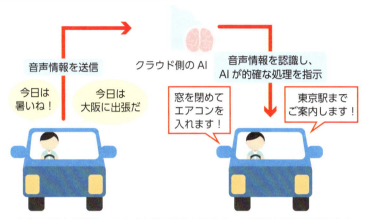

▲会話の情報から学習し、アルゴリズムを改良することで、より的確な処理が可能になる。AIアシスタントを使えば、現在のように目的地を手入力することなく、話しかけるだけで設定もできる。

ドライバーの声や表情で状況を判断

▲AIが進化すれば、声や表情からドライバーの状況を判断できるようになる。ドライバーが眠気に襲われていると判断したら、安全に停車して警告を発するといったことが可能になる。

061

次世代自動車で
法律や保険はこう変わる!

自動運転で保険や法律は大きく変わる

次世代自動車によって交通事故は減少すると考えられていますが、その際にもっとも影響を受けるといわれているのが、損害保険業界です。自動運転車の普及で事故発生率がゼロに近づけば、この市場が大きく減少する可能性も考えられます。一方で、サイバー攻撃で自動運転車が暴走するといった新たなリスクの発生も予想されます。現在保険会社各社では、自動運転車に対応する自動車保険の特約を新設し、提供を開始しています。この保険は、システム故障などによって発生した事故で、運転者に損害賠償責任がない場合にも保険金を支払い、迅速な被害者救済を促すものです。このような保険は、自動運転のレベルが上がるにつれ、より重要になっていくでしょう。

次世代自動車に必要な法整備の検討も進められています。自動運転車は、ハッキングなどによる乗っ取りや、システムの欠落などで十分に安全性能が発揮できなくなるなどの恐れがありますが、このような事態で事故が発生した場合、現行法では適切に対応できません。そのため、政府は**自動運転車にサイバーセキュリティの強化を義務付けるといった新たな安全基準を設ける**など、道路運送車両法などの関連法の改正について検討を行っています。国際機関での議論も踏まえながら、今後必要な法整備が行われていくでしょう。悪天候時、システムの欠陥などで責任の所在が明らかでない事故の場合、現行の自動車損害賠償保障法のもと、どのように考えていくのかも課題になっています。

保険や法律はどのように変わっていく?

自動運転で生まれる新たなリスクに対応する

ドライバーに過失がない場合も、特約などで対応が図られる

▲自動運転のレベルが上がっていく中で、システム故障やサイバーリスクに対応する保険など、旧来の自動車保険に変わる保険が登場してくると予想される。

自動運転時代にあった法整備

▲サイバー攻撃などによる乗っ取りでの事故や、大雪などの悪天候時に十分に安全性能が発揮できずに起こった事故などは責任の所在が明確でなく、現行法では対応できない。そのため、政府はこれらの事案を考慮した法整備の検討を進めている。

062

次世代自動車で
モビリティ社会はこう変わる!

自動運転タクシー・バス、カーシェアリングで変わる車社会

　自動運転車やカーシェアリングなど、次世代自動車の普及にともない、車社会は大きな変貌を遂げようとしています。そのような中注目を集めているのが、**自動運転のタクシーやバス**です。

　自動運転タクシー（ロボットタクシー）が実現すれば、いつでもどこへでも、安全かつ快適に移動できるようになります。また、自動運転バスが実現すれば、運用台数の不足や運用時間の制限といった問題がなくなり、24時間の運行や人件費削減による**低料金化が可能**になります。

　自動車は、車両の購入費に加え、車検代や保険料、駐車場代、タイヤやオイル交換などの経費がかかりますが、あまり自動車に乗らない人にとっては、自動車の所有が大きな負担になります。そこで、ここ数年で一気に普及してきているのが**「カーシェアリング」**です。その名のとおり、自動車を「共有」するサービスで、登録しておけば、スマートフォンやパソコンから自動車の予約が可能になり、好きなときに利用できるようになります。

　自動運転が可能になれば、好きなところまでカーシェアリング車両を呼び出すことができるようになるので、より使い勝手がよくなります。ロボットタクシーやカーシェアリングなどのサービスを使えば、**自動車は所有するものではなく、共有するものへと変わっていく**かもしれません。

自動車は所有する時代から共有する時代へ

注目を集める自動運転のタクシーやバス

▲運用台数の不足や運用時間の制限がない自動運転バスなら、24時間運行や人件費削減による低料金化が可能になる。

車を共有して負担を軽減できるカーシェアリング

▲自動車を共有することにより、大きな負担になる維持費を軽減できるカーシェアリング。スマートフォンやパソコンから自動車の予約が可能で、好きなときに自動車が利用できる。

次世代自動車関連企業リスト

自動車メーカー **日産自動車株式会社** URL http://www.nissan.co.jp/	日本の自動車産業をリードする自動車メーカー。100%EV「リーフ」を発売し、EV市場を牽引。自動運転市場にも参入し、最先端の技術を結集した自動運転技術「プロパイロット」を発表した。
自動車メーカー **トヨタ自動車株式会社** URL http://www.toyota.co.jp/	HVで圧倒的な世界シェアを誇る。EVの基盤技術を共同開発する会社も設立。自動運転技術を活用したモビリティサービス専用の次世代EV「e-Palette Concept」を公開し、新たなモビリティの提供を検討。
自動車メーカー **三菱自動車工業株式会社** URL http://www.mitsubishi-motors.co.jp/	EV、コネクテッドともに先端を走る。「MI-Assistant」と呼ばれる独自の車載AIを開発。他社とも協業し、新技術への取り組みを加速。2022年までに完全自動運転の実用化を目指している。
自動車メーカー **スズキ株式会社** URL http://www.suzuki.co.jp/	インド市場に向けたEV投入への覚書を締結。EV用駆動モーターの開発に着手し、日本国内やインドへの投入を目指すEVに搭載する方針。モーターを内製化することで、EVの性能やコスト面での競争力を高める方針。
自動車メーカー **本田技研工業株式会社** URL http://www.honda.co.jp/	新型EV「アーバンEV」を発売。自動運転の実現に向けたAI技術の共同開発も発表し、2025年をめどに、完全自動運転の実用化を目指している。
自動車メーカー **ダイハツ工業株式会社** URL https://www.daihatsu.co.jp/	電動ユニット、自動運転、コネクテッドの3分野に大きな力を入れている。衝突を未然に防ぐ運転支援システム「スマートアシスト」を開発するほか、EVやHVの開発にも取り組んでいる。
自動車メーカー **マツダ株式会社** URL http://www.mazda.com/	人間を中心に考える独自の自動運転コンセプト「マツダ・コ・パイロット・コンセプト」に基づいた自動運転技術の開発が進められている。2025年までの標準装備化を目指している。
自動車メーカー **アウディ** URL https://www.audi.co.jp/	自動運転技術の研究を15年以上前から手がけ、自動運転機能を搭載する車を世界に送り出している。レベル3の技術「トラフィックジャムパイロット」を搭載したモデルも発表している。
自動車メーカー **テスラ** URL https://www.tesla.com/	自動運転用の独自のAIチップを開発。2019年にはEVトラック「Tesla Semi」の生産が開始する見込み。自動運転機能を活用して新事業へも進出すると見られ、商用車を含めたEVへの拡充を戦略的に進めている。
自動車メーカー **ルノー** URL http://www.renault.jp/	自動運転技術をB to Bのサービスにも活用する構想を描く。高度な障害物回避機能を備えた自動運転技術を開発するほか、複数社と協業して、自動運転タクシー事業に参入する見込み。

自動車メーカー **ダイムラー** URL https://www.daimler.com/	完全自動運転とドライバーが不要なレベル5相当の開発において、ボッシュと開発業務を締結。2020年代初めまでに、ドライバーの操作を必要としない完全自動運転車の市場導入を狙っている。
自動車メーカー **フォルクスワーゲン** URL https://www.volkswagen.co.jp/	2020年末までに、世界16カ所でEVを生産すると発表。自動運転の分野においては、衝突事故などを事前に検知して回避する先進運転支援システム「ADAS」を搭載したモデルも販売している。
自動車メーカー **ゼネラルモーターズ** URL https://www.gmjapan.co.jp/	2019年から自動運転車「クルーズAV」の生産を開始すると発表。市販化を目指す。ハンドルやペダル、手動の操作スイッチなどはいっさい装備されておらず、ドライバー不要の初の量産可能車両とされている。
技術サプライヤー **パナソニック株式会社** URL https://www.panasonic.com/jp/home/	テスラにEV用のバッテリーを全面供給するなどし、自動車関連事業を拡大。テスラと共同してリチウムイオン電池工場を運営し、車載向け電池事業を強化している。車載用角形電池ではトヨタとの協業を検討中。
技術サプライヤー **住友化学株式会社** URL https://www.sumitomo-chem.co.jp/	EVの需要拡大を見据え、電池基材を自前化し、生産を強化。電池の部材を製造するメーカーも子会社化する。韓国でも生産を開始し、約200億円を投じた。
技術サプライヤー **株式会社田中化学研究所** URL http://www.tanaka-chem.co.jp/	次世代型リチウムイオン電池正極材料を研究。三元系正極材料、ニッケル系正極材料の量産化にも成功している。EVの普及を見据え、二次電池の正極材の生産能力拡大を検討している。
技術サプライヤー **東レ株式会社** URL http://www.toray.co.jp/	繊維、機能化成品、炭素繊維複合材料、環境・エンジニアリング、ライフサイエンスの5つの分野を展開。リチウムイオン二次電池用セパレーターも手がけ、大型投資にも踏み切る。
技術サプライヤー **株式会社カネカ** URL https://www.kaneka.co.jp/	高性能発泡樹脂の生産能力を増強。軽量で、耐熱性や耐衝撃性に優れているため、EVシフトへの需要拡大を見込む。EV用部品として、ガソリン車への納入実績がある高機能樹脂を各自動車メーカーに提案。
技術サプライヤー **株式会社帝人** URL https://www.teijin.co.jp/	EVを背景とするバッテリー需要に対応するため、リチウムイオン電池セパレーター「リエルソート」の生産設備を増強。電池事業の多くは民生用バッテリーだが、車載用バッテリーにも対応する考え。
技術サプライヤー **日本精工株式会社** URL http://www.nsk.com/jp/	東洋電機製造と東京大学大学院の研究グループと共同し、世界で初めて、走行中にEVをワイヤレス給電するしくみを開発。実用化されれば道路からの給電が可能になり、EVの弱点克服につながると期待されている。

次世代自動車関連企業リスト

技術サプライヤー **株式会社東光高岳** URL https://www.tktk.co.jp/	急速充電器の製造や販売を行う。EVに蓄えた電気を、家庭内の電気製品に供給するEVパワーコンディショナも手がける。
技術サプライヤー **ソニー株式会社** URL https://www.sony.co.jp/	自動運転向けのセンサー事業を強化し、車載センシング向けアプリにも注力する方針。また、自動運転分野で車載用画像センサーのシェア拡大を狙う。AIや自動運転といった成長分野で新事業創出を目指す。
技術サプライヤー **オムロン株式会社** URL https://www.omron.co.jp/	AIや顔認識技術を利用し、運転時の集中度を判定する車載センサーを開発。ドライバーの視線の方向や目の開閉状態を高精度に検知するもので、2021年の実用化を目指す。
技術サプライヤー **株式会社デンソー** URL https://www.denso.com/	自動車部品メーカー最大手の1つ。自動車関連分野を中心に、生活・産業関連機器など、自動車技術を応用したさまざまな事業を展開。先進的な自動車技術、システム、製品を世界中の自動車メーカーに提供。
技術サプライヤー **ロバート・ボッシュ** URL https://corporate.bosch.co.jp/	ドイツを本拠とする世界最大の自動車部品メーカー。AIをはじめとしたソフトウェアやセンサー、自動運転車の統合制御に欠かせないシャシー部品を手がける。自動運転用の高精度地図の分野においても他社と協業。
技術サプライヤー **株式会社村田製作所** URL https://www.murata.com/	最先端の技術で製品を創出する総合電子部品メーカー。主力だったスマートフォン市場で長年培ってきた小型軽量化技術を生かす。EV向けの電子部品を増産するため、最大1,000億円を投資する方針。
技術サプライヤー **パイオニア株式会社** URL http://pioneer.jp/	遠方の物体の距離や大きさを高精度に検出する「3D-LiDAR」を発表。2020年以降の量産化を目指している。自動運転を可能にするために必要な高精度地図を、HERE社と協業すると発表。
技術サプライヤー **株式会社ゼンリン** URL http://www.zenrin.co.jp/	日本最大手の地図情報会社。住宅地図やカーナビなどの地図サービスを提供。日産、モービルアイと共同し、レベル3の自動運転向けの高精度地図を開発。
技術サプライヤー **日立オートモティブシステムズ株式会社** URL http://www.hitachi-automotive.co.jp/	茨城県ひたちなか市の一般道で、自動運転の走行実証試験を実施。自動運転レベル3の実用化に不可欠な技術で、自動運転システムの基幹部品破損時に安全にドライバーへ運転を引き継ぐ「1 Fail Operational」を開発。
技術サプライヤー **クラリオン株式会社** URL http://www.clarion.com/	自動運転向けの車載カメラ事業に参入。夜間の視認性を高めた単眼カメラを開発。日立オートモティブシステムズと共同して自動駐車技術「Park by Memory」を開発し、早期実用化を目指している。

技術サプライヤー **アイシン精機株式会社** URL http://www.aisin.co.jp/	実験棟「Vラボ」を開設し、自動運転やコネクテッドなどの次世代成長領域の技術や製品の開発を促進。自動運転技術の柱の1つである「自動バレー駐車」の開発にも注力している。
技術サプライヤー **株式会社モービルアイ** URL https://www.mobileye.com/	単眼カメラでの衝突事故防止や軽減を支援し、ADASの発展に貢献するテクノロジーカンパニー。日産、ゼンリンと共同し、日本全国の高速道路を対象に、レベル3の自動運転向けの地図を開発している。
半導体メーカー **インテル** URL https://www.intel.co.jp/	自動運転、5G、AI、VR＆ARの4つの分野に注力。車載事業分野への取り組みも強化している。BMWグループやモービルアイとも提携し、半自動運転車や完全自動運転車のための基盤を構築。
半導体メーカー **NVIDIA** URL http://www.nvidia.co.jp/	AI技術の主要プレイヤー。NVIDIAの技術をベースに開発に取り組む企業や組織も多い。自動運転技術でもトッププレイヤーの一角を担う。自動運転車開発向けのAIコンピューターボード「NVIDIA DRIVE」シリーズを製品化。
IT企業 **Apple** URL https://www.apple.com/jp/	iPhoneやiPadを中心とした携帯端末事業を手がける。自動車業界に参入し、自動運転システムに注力。技術開発のために走行させている自動車は、カリフォルニア州においてはGMに次ぐ多さ。
IT企業 **Alphabet（旧Google）** URL https://www.google.co.jp/about/	2009年から自動運転の開発に着手。傘下のSidewalk. Labsが都市開発を手がけるトロントでは、自動運転車による配車サービスも手がける方針（傘下のWaymoが提供）。
IT企業 **Waymo** URL https://waymo.com/	Googleの自動運転車開発部門が分社化したことで誕生したAlphabet傘下の自動運転システム開発企業。ホンダとの技術提携に向けて協議を進める。配送や物流市場での自動運転車の開発に重点を置く見込み。
IT企業 **Uber** URL https://www.uber.com/	配車サービスの最大手。自動運転分野においても動きを加速させている。自動運転トラックの試験運用も始め、実用化は目前。自動車とVRを組み合わせ、移動中にVR体験ができる自動運転車向けの特許も取得。
IT企業 **Lyft** URL https://www.lyft.com/	モバイルアプリを使用した配車サービスを展開。自動運転車の開発部門を設立し、自動車部品大手のマグナと、自動運転車向けのハードウェアやソフトウェアの開発で共同することを締結。
IT企業 **ソフトバンクグループ株式会社** URL https://www.softbank.jp/	自動運転車を使ったサービスの事業化に参入。自動運転技術を開発する先進モビリティと合併し、「SBドライブ」を設立。自動運転バスの実用化に向けた実証実験を行い、スマートモビリティサービスの事業化を目指している。

60分でわかる！ EV革命&自動運転 最前線 **141**

Index

数字・アルファベット

5G	118
10・15（じゅうじゅうご）モード	14
ADAS	50
AGL	102
AIアシスタント	132
AIトラフィックジャムパイロット	82
Alexa	114
Android Auto	110
Apple CarPlay	112
BIRO	10
CAN	106
D-Broad EV	26
Deep Neural Network	66
DRIVE PX	66
eAxle	22
ECU	76
e-Palette	80, 84
Ethernet	106
EV	8
EV C.A. Spirit株式会社	32
EVsmart	18
EVコンバート	48
EVシフト	30
EVのしくみ	20
EVの歴史	10
EV用電池	42
EyeQ	64
e-パワートレイン	22
FCV	46
G4	34
Go Go EV	18
IoT	94
ITSスポットサービス	130
JC08モード	14
LiDAR	62
Lyft	124
OS	102
Park by Memory	54
Platform 3.0	86
Plugless L2 Electric Vehicle Charging System	26
QNX	102
SegNet	70
SmartShuttle	80
T型フォード	10
Uber	92, 124
V2I	100
V2N	100
V2P	100
V2V	100
V2X	100
Waymo	68
Yape	80
zFASシステム	82

あ 行

アイサイト	84
アダプティブ・クルーズ・コントロールシステム	50
アダプティブ・ヘッドライト	50
アプリケーション	104
アライアンス2022	38
アルゴリズム	72
インバーター	22
ウィーン条約	58
運転支援システム	50
運転者の義務	56
エンベッディド型	98, 122
オートメーテッド・バレーパーキング	54
音声認識	114
オンライン故障診断	96

か 行

カーシェアリング	124, 136
完全自動運転	90
カント	28
急速充電器	18, 24

急速充電システム ……………… 24	
強化学習 ………………………… 74	
緊急通報システム ……………… 96	
緊急避難 ………………………… 88	
クラスターディスプレイ ……… 116	
グリーン化特例 ………………… 16	
航続距離 ………………………… 12	
コネクテッドカー ……………… 94	
コネクテッドカーのしくみ …… 98	
コバルト ………………………… 42	

た 行

ダイナミックマップ …………… 78	
ダラク …………………………… 10	
ツーリングアシスト …………… 84	
テザリング型 …………… 98, 122	
デジタルコックピット ………… 116	
テレマティクス ………………… 104	
テレマティクス保険 …………… 96	
電子制御ユニット ……………… 76	
電子ミラー ……………………… 116	
電池の規格 ……………………… 36	
電費 ……………………………… 14	
盗難車両追跡システム ………… 96	
トロッコ問題 …………………… 88	

さ 行

サイバー攻撃 …………………… 134	
自動運転 ………………………… 50	
自動運転車運転免許証 ………… 56	
自動運転タクシー・バス ……… 136	
自動運転のしくみ ……………… 60	
自動車メーカーの再編 ………… 128	
自動駐車 ………………………… 54	
自動ブレーキ …………………… 52	
自動ブレーキシステム ………… 50	
車検 ……………………………… 16	
車載用電池 ……………………… 36	
ジャメ・コンタクト号 ………… 10	
車両接近通報装置 ……………… 28	
充電 ……………………………… 18	
充電カード ……………………… 24	
ジュネーブ条約 ………………… 58	
諸元表 …………………………… 15	
新エネルギー車ポイント ……… 30	
ステレオカメラ ………………… 84	
税制度 …………………………… 17	
セキュリティ技術 ……………… 120	
ゼロエミッション車法 ………… 30	
全固体電池 ……………………… 21	
センターディスプレイ ………… 116	
走行中給電 ……………………… 26	

は・ま 行

配車サービス …………………… 126	
バッテリー ……………………… 20	
パワートレイン ………………… 22	
ヒューマンエラー ……………… 50	
普通充電器 ……………… 18, 24	
ぶつからないクルマ …………… 130	
ブレーキオーバーライド ……… 76	
プロパイロット ………………… 84	
プロパイロットパーキング …… 54	
平行二線給電方式 ……………… 26	
ヘッドアップディスプレイ …… 116	
補助金制度 ……………………… 17	
ポスト・リチウムイオン電池 … 36	
モバイル連携 …………………… 122	

ら・わ 行

ライドシェア …………………… 124	
ランニングコスト ……………… 14	
リチウムイオン電池 …… 20,42	
リチウム空気電池 ……………… 42	
ルノー・日産アライアンス …… 38	
ワイヤレス充電システム ……… 26	

■ 問い合わせについて

本書の内容に関するご質問は、下記の宛先まで FAX または書面にてお送りください。
なお電話によるご質問、および本書に記載されている内容以外の事柄に関するご質
問にはお答えできかねます。あらかじめご了承ください。

〒 162-0846
東京都新宿区市谷左内町 21-13
株式会社技術評論社　書籍編集部
「60 分でわかる！　EV 革命＆自動運転　最前線」質問係
FAX：03-3513-6167

※ ご質問の際に記載いただいた個人情報は、ご質問の返答以外の目的には使用いたしません。
　また、ご質問の返答後は速やかに破棄させていただきます。

60 分でわかる！　EV 革命＆自動運転　最前線

2018 年 7 月 7 日　初版　第 1 刷発行

著者	次世代自動車ビジネス研究会
監修	井上岳一
発行者	片岡　巌
発行所	株式会社　技術評論社
	東京都新宿区市谷左内町 21-13
電話	03-3513-6150　販売促進部
	03-3513-6160　書籍編集部
編集	リンクアップ
担当	伊東　健太郎
装丁	菊池　祐（株式会社ライラック）
本文デザイン・DTP	リンクアップ
製本／印刷	大日本印刷株式会社

定価はカバーに表示してあります。

本書の一部または全部を著作権法の定める範囲を超え、
無断で複写、複製、転載、テープ化、ファイルに落とすことを禁じます。

©2018　技術評論社

造本には細心の注意を払っておりますが、万一、乱丁（ページの乱れ）や落丁（ページの抜け）がご
ざいましたら、小社販売促進部までお送りください。送料小社負担にてお取り替えいたします。

ISBN978-4-7741-9843-9 C2036

Printed in Japan